# SUDOKU

## 100 PUZZLES WITH SOLUTIONS

### EASY LEVEL **BOOK 8**

ISBN: 9781693664045
Copyright © 2019 Tim Bird.

A standard Sudoku puzzle consists of a grid of 9 blocks. Each block contains 9 boxes arranged in 3 rows and 3 columns.

Column      Block      Box

| 8 | 4 | 1 | 7 | 9 | 6 |   | 3 | 2 |
|---|---|---|---|---|---|---|---|---|
|   |   |   | 2 | 5 | 4 | 8 | 1 |   |
| 6 | 2 | 5 | 3 | 1 |   | 9 | 4 | 7 |
| 2 |   | 8 |   | 3 | 7 | 4 | 5 | 1 |
| 3 |   | 7 | 4 | 8 |   | 2 | 6 | 9 |
|   | 5 | 6 | 9 |   | 1 |   |   | 8 |
| 5 |   |   |   |   |   |   | 2 | 3 |
| 1 | 6 | 3 | 8 | 4 | 2 | 7 | 9 | 5 |
| 9 | 7 | 2 | 5 | 6 | 3 | 1 | 8 | 4 |

— Row

**The Basic Rules of Sudoku:**

- There's only one solution to a Sudoku puzzle. A puzzle is considered solved when all 81 boxes contain numbers by following the Sudoku rules.
- When you start a game of Sudoku some blocks already have numbers (fewer number make a harder puzzle). These numbers cannot be changed.
- Each column must contain every number from 1 to 9 and no two numbers in the same column can be duplicated.
- Each row must contain every number from 1 to 9 and no two numbers in the same row can be duplicated.
- Each block must contain every number from 1 to 9 and no two numbers in the same block can be duplicated.

**Here's the solved puzzle:**

| 8 | 4 | 1 | 7 | 9 | 6 | 5 | 3 | 2 |
|---|---|---|---|---|---|---|---|---|
| 7 | 3 | 9 | 2 | 5 | 4 | 8 | 1 | 6 |
| 6 | 2 | 5 | 3 | 1 | 8 | 9 | 4 | 7 |
| 2 | 9 | 8 | 6 | 3 | 7 | 4 | 5 | 1 |
| 3 | 1 | 7 | 4 | 8 | 5 | 2 | 6 | 9 |
| 4 | 5 | 6 | 9 | 2 | 1 | 3 | 7 | 8 |
| 5 | 8 | 4 | 1 | 7 | 9 | 6 | 2 | 3 |
| 1 | 6 | 3 | 8 | 4 | 2 | 7 | 9 | 5 |
| 9 | 7 | 2 | 5 | 6 | 3 | 1 | 8 | 4 |

## Puzzle 1

| 6 | 2 |   | 9 | 1 | 3 | 5 | 8 | 4 |
|---|---|---|---|---|---|---|---|---|
| 1 | 5 | 8 | 7 | 6 | 4 | 2 |   | 3 |
| 9 | 4 | 3 | 2 | 5 | 8 |   | 7 |   |
| 2 | 9 |   | 8 |   |   |   | 4 |   |
| 3 | 7 | 4 | 6 | 2 | 1 | 9 | 5 |   |
| 8 | 6 | 1 | 4 | 9 | 5 | 3 | 2 | 7 |
| 4 | 1 |   | 5 | 8 | 6 | 7 | 3 |   |
| 5 | 8 | 6 | 3 | 7 |   | 4 | 1 |   |
|   |   |   | 1 | 4 |   | 8 | 6 | 5 |

## Puzzle 2

| 1 |   | 3 | 2 | 8 | 4 | 5 |   | 7 |
|---|---|---|---|---|---|---|---|---|
| 4 | 9 | 5 | 1 | 7 | 3 |   | 6 |   |
| 7 | 2 |   | 6 | 9 |   | 1 | 4 | 3 |
| 3 | 5 | 7 | 9 | 1 |   |   |   |   |
| 8 | 4 |   | 5 | 3 | 2 | 7 | 1 | 9 |
| 9 | 1 | 2 |   |   | 7 | 3 | 5 |   |
| 2 | 7 | 1 | 3 | 5 | 9 |   | 8 |   |
| 5 | 8 |   | 7 | 4 | 6 | 2 | 3 |   |
| 6 |   | 4 | 8 | 2 |   | 9 | 7 | 5 |

## Puzzle 3

| 9 | 2 | 8 |   |   | 1 | 3 | 7 | 6 |
|---|---|---|---|---|---|---|---|---|
| 3 |   | 7 | 8 | 6 | 9 | 2 | 1 | 5 |
| 6 | 1 | 5 | 7 | 3 | 2 | 8 | 4 | 9 |
|   | 6 | 1 | 2 |   |   | 9 | 5 |   |
|   | 9 | 3 |   |   | 6 | 1 | 2 |   |
| 5 | 7 | 2 | 1 | 9 |   | 4 | 6 |   |
| 7 | 3 | 9 | 6 |   | 4 |   | 8 |   |
| 1 | 5 | 4 | 9 |   |   | 6 |   | 2 |
| 2 | 8 | 6 | 3 | 1 | 5 | 7 | 9 | 4 |

## Puzzle 4

|   |   |   | 3 | 2 |   |   | 7 | 5 |
|---|---|---|---|---|---|---|---|---|
|   | 7 | 9 | 5 |   | 8 |   | 4 | 3 |
| 3 | 5 | 2 |   | 4 |   | 8 | 6 | 1 |
| 6 | 4 | 1 | 8 | 9 | 3 | 5 |   |   |
| 5 |   | 3 |   | 7 |   | 1 | 9 | 8 |
| 7 | 9 | 8 | 1 | 5 | 2 | 6 | 3 | 4 |
|   | 8 | 7 |   | 1 |   | 3 | 5 | 9 |
| 4 |   | 5 |   | 3 | 9 | 7 | 8 | 6 |
|   | 3 | 6 | 7 | 8 | 5 | 4 | 1 | 2 |

## Puzzle 5

| | | 8 | 4 | 7 | 2 | | 9 | |
|---|---|---|---|---|---|---|---|---|
| | 1 | 7 | 8 | 9 | 6 | | 4 | |
| 4 | 2 | 9 | 3 | 5 | 1 | 6 | | |
| 9 | 5 | 1 | 2 | 8 | 3 | 4 | | |
| 7 | 3 | 4 | 6 | 1 | 9 | | | |
| 2 | 8 | 6 | 7 | 4 | 5 | 9 | 1 | 3 |
| 6 | 7 | 5 | 1 | 3 | 4 | 8 | 2 | 9 |
| 1 | | | 5 | 6 | 8 | 7 | 3 | 4 |
| 8 | 4 | 3 | 9 | 2 | 7 | | | |

## Puzzle 6

| 2 | 5 | 3 | | 7 | | 1 | 6 | 8 |
|---|---|---|---|---|---|---|---|---|
| 9 | | 8 | 1 | | | 5 | 7 | 4 |
| 1 | 7 | 4 | 8 | 5 | 6 | 3 | 9 | 2 |
| 4 | 2 | 1 | 3 | 9 | 5 | | 8 | |
| 6 | 3 | 7 | 2 | 4 | 8 | 9 | 5 | 1 |
| 5 | 8 | 9 | 7 | 6 | 1 | 4 | 2 | 3 |
| 3 | 1 | 6 | 5 | 8 | | 2 | 4 | 9 |
| 7 | | 2 | 6 | | | 8 | | 5 |
| 8 | | 5 | | | | | | |

## Puzzle 7

| 6 | 1 | 2 |   | 3 | 9 | 4 | 5 | 8 |
|---|---|---|---|---|---|---|---|---|
| 3 | 4 |   | 5 | 8 | 1 |   | 6 | 2 |
| 8 | 5 | 9 |   |   |   | 1 |   | 7 |
|   | 2 | 5 | 6 | 4 | 3 | 8 | 7 | 1 |
| 4 | 7 | 6 |   | 1 | 2 | 3 | 9 | 5 |
| 1 |   | 8 |   | 5 |   | 6 |   | 4 |
| 5 |   |   | 1 | 7 | 8 | 2 |   |   |
| 7 | 9 | 1 | 4 | 2 | 6 | 5 | 8 | 3 |
| 2 | 8 | 4 | 3 | 9 | 5 | 7 | 1 | 6 |

## Puzzle 8

| 4 | 7 | 8 | 9 | 2 | 5 | 6 |   |   |
|---|---|---|---|---|---|---|---|---|
| 2 | 1 | 9 |   | 6 |   | 7 | 8 | 5 |
| 3 | 5 | 6 | 1 | 8 | 7 | 9 |   | 4 |
| 7 | 8 | 2 |   |   |   | 5 |   | 6 |
| 5 | 3 | 4 | 8 | 7 | 6 |   | 9 |   |
| 6 | 9 | 1 | 2 | 5 |   |   |   | 8 |
|   | 2 | 3 | 6 | 4 | 1 | 8 | 5 |   |
| 1 | 6 | 5 | 7 | 9 |   |   |   | 2 |
| 8 | 4 | 7 | 5 | 3 |   | 1 | 6 | 9 |

## Puzzle 9

| 3 | 1 |   | 7 | 9 | 2 | 6 | 5 | 4 |
|---|---|---|---|---|---|---|---|---|
| 2 | 7 | 6 |   | 3 | 4 | 1 | 9 | 8 |
| 4 | 9 | 5 | 6 | 8 | 1 | 7 | 3 | 2 |
| 5 | 6 | 9 |   |   |   | 2 | 4 |   |
| 1 | 3 | 4 | 2 |   |   | 8 | 7 |   |
| 7 | 8 | 2 |   |   |   |   | 6 |   |
| 9 | 2 | 3 | 1 |   |   | 4 | 8 | 7 |
| 8 | 4 | 7 | 9 | 2 | 3 | 5 | 1 | 6 |
| 6 | 5 | 1 |   |   |   |   | 2 |   |

## Puzzle 10

| 4 | 7 | 8 | 6 | 2 | 1 | 9 | 3 | 5 |
|---|---|---|---|---|---|---|---|---|
| 1 |   | 2 | 3 | 7 | 5 | 8 |   | 6 |
| 5 | 3 | 6 | 8 | 4 | 9 |   |   | 7 |
| 8 |   | 4 | 7 |   |   |   | 9 | 1 |
| 9 | 6 | 1 | 2 | 5 | 4 | 7 |   | 3 |
| 3 |   |   | 9 | 1 | 8 | 6 |   | 4 |
|   |   | 9 | 4 |   |   |   |   | 2 |
| 6 | 4 | 5 | 1 |   |   | 3 |   | 8 |
| 2 | 1 | 3 | 5 | 8 | 7 | 4 | 6 | 9 |

## Puzzle 11

| 4 | 9 | 5 | 2 |   | 3 | 7 | 1 | 8 |
|---|---|---|---|---|---|---|---|---|
| 3 | 8 | 2 |   | 9 |   | 6 | 4 | 5 |
|   | 1 | 7 | 4 | 5 | 8 | 9 | 2 | 3 |
| 1 | 3 | 4 | 6 | 7 | 5 |   | 8 | 9 |
| 7 | 6 | 9 | 8 | 1 | 2 | 5 | 3 | 4 |
|   |   | 8 | 9 | 3 | 4 | 1 | 7 | 6 |
|   |   | 6 | 3 | 8 |   | 4 |   | 1 |
| 8 | 4 | 1 |   |   |   | 3 | 9 |   |
|   |   |   |   |   | 4 | 8 | 6 | 2 |

## Puzzle 12

| 1 |   | 9 | 8 | 3 | 5 |   |   |   |
|---|---|---|---|---|---|---|---|---|
| 5 |   | 4 | 6 | 2 | 9 | 3 |   | 1 |
| 6 | 3 |   | 7 | 1 | 4 | 9 |   |   |
| 9 |   |   | 1 | 4 | 6 | 7 |   | 3 |
| 3 | 1 | 6 | 5 | 7 | 8 | 2 | 9 | 4 |
| 7 |   |   | 3 | 9 | 2 | 6 | 1 |   |
| 8 | 5 | 7 | 9 | 6 | 3 | 1 | 4 | 2 |
|   | 6 | 1 | 4 | 8 | 7 | 5 | 3 | 9 |
| 4 | 9 | 3 | 2 | 5 | 1 | 8 |   |   |

## Puzzle 13

|   |   |   |   |   |   |   |   |   |
|---|---|---|---|---|---|---|---|---|
|   |   |   | 3 | 6 | 8 | 7 | 5 | 1 |
| 3 | 7 | 8 | 1 | 5 | 2 | 9 | 4 | 6 |
| 6 | 1 | 5 |   |   | 7 | 3 | 8 | 2 |
| 5 | 3 | 4 | 6 | 2 | 1 | 8 | 7 | 9 |
| 1 | 8 | 6 |   | 3 | 9 | 5 | 2 | 4 |
|   |   | 7 |   |   |   | 6 |   |   |
| 7 |   | 9 |   | 1 | 6 | 2 | 3 | 8 |
| 8 | 6 | 1 | 2 | 7 | 3 | 4 | 9 | 5 |
|   |   | 3 |   |   |   | 1 | 6 | 7 |

## Puzzle 14

|   |   |   |   |   |   |   |   |   |
|---|---|---|---|---|---|---|---|---|
| 5 |   |   | 4 | 2 | 8 | 7 | 9 |   |
|   | 9 | 2 | 5 |   |   | 8 |   |   |
| 4 | 8 | 7 | 3 |   | 9 |   | 6 | 2 |
| 7 | 2 | 6 | 9 | 5 | 4 |   | 3 | 8 |
| 3 | 5 |   | 1 | 8 | 2 | 4 | 7 | 6 |
|   | 1 | 4 |   | 6 | 3 | 2 |   | 9 |
| 6 | 7 |   | 8 | 9 | 1 | 3 | 2 | 4 |
|   |   | 8 | 6 | 3 |   | 9 |   | 7 |
|   | 3 | 1 | 2 | 4 | 7 | 6 | 8 | 5 |

## Puzzle 15

| | | | 4 | 7 | 3 | 1 | 8 | |
|---|---|---|---|---|---|---|---|---|
| 7 | 4 | 5 | 8 | | 2 | | 9 | |
| | 1 | 8 | 6 | | 9 | | 4 | |
| | 8 | | 3 | 6 | | | 1 | 9 |
| | 3 | | 1 | 8 | | | 6 | 7 |
| | 5 | 6 | 9 | 2 | 7 | 8 | 3 | 4 |
| 6 | 2 | 3 | 5 | 9 | 1 | 4 | 7 | 8 |
| | 7 | 4 | 2 | 3 | 6 | 9 | 5 | 1 |
| 5 | 9 | 1 | 7 | 4 | 8 | 3 | 2 | 6 |

## Puzzle 16

| 5 | 4 | 9 | 1 | 7 | 2 | 6 | 8 | 3 |
|---|---|---|---|---|---|---|---|---|
| 8 | 7 | 1 | 3 | 6 | 9 | 2 | 5 | 4 |
| 2 | 3 | 6 | 5 | 8 | 4 | | 7 | |
| 7 | | | | 3 | 1 | 8 | | 6 |
| 3 | | | 6 | 9 | 5 | 7 | 4 | |
| 6 | | 4 | 8 | 2 | 7 | | 3 | |
| 4 | 6 | | | 1 | 8 | | | |
| 9 | 5 | 7 | 2 | 4 | 6 | 3 | | 8 |
| 1 | | | 9 | 5 | 3 | 4 | 6 | 7 |

## Puzzle 17

| 7 | 6 | 5 | 9 | 8 | 4 | 3 | 2 | 1 |
|---|---|---|---|---|---|---|---|---|
| 4 | 8 | 1 |   |   |   | 9 | 7 | 6 |
| 2 | 3 | 9 | 1 | 7 | 6 | 4 | 5 | 8 |
| 8 | 1 | 7 |   |   |   | 6 | 9 | 4 |
| 3 | 2 | 6 | 7 | 4 | 9 |   |   | 5 |
| 5 | 9 | 4 | 8 | 6 | 1 | 2 | 3 | 7 |
| 9 | 5 | 3 | 6 | 1 | 8 | 7 | 4 | 2 |
| 6 | 4 |   |   |   | 7 |   |   |   |
| 1 | 7 |   | 4 |   |   |   | 6 |   |

## Puzzle 18

| 1 | 4 | 8 | 3 | 2 | 6 | 9 | 7 | 5 |
|---|---|---|---|---|---|---|---|---|
| 6 | 9 | 2 | 7 | 4 | 5 |   |   | 8 |
| 7 | 3 | 5 | 9 | 8 | 1 |   |   | 6 |
| 9 | 6 | 7 | 5 | 1 | 2 |   |   | 3 |
|   | 8 | 1 | 6 | 3 | 4 | 7 |   | 9 |
| 4 |   | 3 | 8 | 7 | 9 |   | 6 |   |
|   | 7 | 4 | 1 | 5 | 3 | 6 | 9 | 2 |
|   |   | 6 | 4 | 9 | 8 |   |   | 7 |
| 3 |   | 9 | 2 | 6 | 7 |   |   | 4 |

## Puzzle 19

| 1 |   | 5 | 9 | 8 | 2 |   | 6 | 4 |
|---|---|---|---|---|---|---|---|---|
|   |   | 3 | 1 | 7 |   | 2 | 8 | 5 |
| 8 | 2 |   | 5 | 3 |   | 7 | 9 | 1 |
|   |   | 7 | 8 | 2 |   | 6 |   | 3 |
| 5 | 3 | 8 |   | 6 | 1 | 9 | 2 | 7 |
| 2 |   |   | 7 | 9 | 3 | 5 |   | 8 |
| 3 | 4 | 9 | 6 | 5 | 8 | 1 | 7 | 2 |
| 6 | 5 | 1 | 2 | 4 | 7 | 8 | 3 | 9 |
| 7 | 8 | 2 | 3 |   | 9 |   |   |   |

## Puzzle 20

| 4 | 6 | 2 | 3 | 1 | 5 | 9 | 8 | 7 |
|---|---|---|---|---|---|---|---|---|
| 8 | 7 | 9 | 6 | 4 |   | 3 | 1 | 5 |
| 3 | 5 | 1 | 9 | 7 | 8 | 4 | 2 | 6 |
| 6 |   | 3 |   | 8 |   | 2 | 5 |   |
|   | 2 | 7 | 4 | 5 | 9 |   | 3 | 8 |
| 5 |   | 8 |   | 6 |   | 1 | 7 |   |
| 7 | 3 |   |   | 2 |   | 8 | 9 | 1 |
| 2 |   | 5 | 1 | 9 |   |   |   | 3 |
|   | 1 |   | 8 | 3 | 7 | 5 |   | 2 |

## Puzzle 21

| 5 |   | 6 | 8 |   |   |   | 9 | 4 |
|---|---|---|---|---|---|---|---|---|
|   | 2 | 3 | 7 |   | 6 |   | 8 | 5 |
| 1 |   | 4 |   | 5 | 3 | 6 |   | 2 |
| 2 | 6 | 7 | 4 | 1 |   | 9 | 5 | 3 |
| 8 | 5 | 1 |   |   | 9 | 4 |   | 7 |
| 3 | 4 | 9 | 5 |   | 7 | 8 | 2 | 1 |
| 4 |   |   | 1 |   | 2 | 7 | 3 | 6 |
| 6 | 1 | 8 | 3 | 7 | 5 | 2 | 4 | 9 |
| 7 | 3 | 2 |   | 9 | 4 | 5 | 1 | 8 |

## Puzzle 22

| 6 | 8 | 1 | 4 | 9 |   | 7 |   | 2 |
|---|---|---|---|---|---|---|---|---|
|   | 4 | 5 | 3 | 2 | 7 |   | 6 |   |
|   |   | 7 | 1 | 6 | 8 | 4 | 9 | 5 |
| 1 | 6 | 3 | 7 | 5 |   | 2 | 8 | 9 |
| 4 | 2 | 8 | 9 | 3 | 1 |   | 7 | 6 |
| 5 | 7 | 9 | 2 | 8 | 6 | 1 | 4 | 3 |
|   | 1 | 4 | 5 | 7 | 9 |   |   | 8 |
| 8 | 5 | 2 | 6 | 4 | 3 |   |   | 7 |
|   |   | 6 |   | 1 |   | 3 | 5 | 4 |

## Puzzle 23

| | | | | | | | | |
|---|---|---|---|---|---|---|---|---|
| 1 |   | 7 | 6 | 9 | 5 |   |   | 3 |
| 6 | 5 | 2 | 3 | 8 |   |   | 9 | 7 |
| 9 |   | 3 | 7 |   |   | 5 |   | 6 |
| 2 | 9 | 6 | 1 | 4 | 3 | 8 | 7 | 5 |
| 5 | 3 | 4 | 8 | 6 | 7 |   |   |   |
| 8 | 7 | 1 | 2 | 5 | 9 | 3 | 6 | 4 |
| 7 | 1 | 8 | 5 | 3 | 6 |   |   |   |
| 3 | 2 | 9 | 4 | 7 | 8 | 6 |   | 1 |
| 4 | 6 | 5 | 9 |   |   | 7 | 3 | 8 |

## Puzzle 24

| | | | | | | | | |
|---|---|---|---|---|---|---|---|---|
| 8 | 5 | 7 | 9 | 3 | 1 | 6 | 2 | 4 |
| 9 | 4 | 3 | 7 | 6 | 2 | 5 | 1 | 8 |
| 1 | 6 | 2 | 5 | 8 | 4 | 3 |   |   |
| 6 | 2 | 4 | 1 | 7 | 8 | 9 | 3 | 5 |
| 7 | 8 | 5 |   | 9 |   | 1 | 4 | 2 |
| 3 | 1 | 9 | 2 | 4 | 5 | 7 | 8 | 6 |
| 2 | 3 |   |   |   |   | 4 |   |   |
| 4 |   |   |   |   |   | 2 |   |   |
| 5 | 7 | 1 | 4 | 2 | 9 | 8 | 6 | 3 |

## Puzzle 25

| 7 |   | 8 | 2 | 3 | 6 | 4 | 1 | 9 |
|---|---|---|---|---|---|---|---|---|
|   | 6 | 2 | 4 | 9 | 7 | 8 | 5 | 3 |
| 3 | 9 | 4 | 5 | 1 | 8 | 2 | 7 | 6 |
| 2 | 8 | 3 | 1 | 4 | 5 | 6 | 9 | 7 |
| 6 | 4 | 1 | 7 | 8 | 9 | 3 | 2 | 5 |
| 9 | 7 | 5 | 3 | 6 | 2 | 1 |   |   |
| 4 |   | 7 | 8 | 5 | 3 | 9 | 6 |   |
| 8 |   |   |   | 7 |   | 5 |   |   |
| 5 |   |   |   | 2 |   | 7 |   |   |

## Puzzle 26

| 5 |   | 7 |   | 8 | 1 | 2 | 3 | 4 |
|---|---|---|---|---|---|---|---|---|
| 1 |   | 9 | 2 | 4 |   | 7 | 8 | 6 |
| 4 | 8 | 2 | 7 | 3 | 6 | 1 |   | 9 |
| 3 |   | 5 | 4 | 9 |   | 6 | 1 | 8 |
| 9 |   | 6 | 3 | 1 |   | 5 | 2 |   |
|   |   |   | 5 | 6 | 7 | 4 | 9 | 3 |
| 8 | 5 | 3 | 6 | 2 | 4 |   | 7 | 1 |
| 7 | 9 | 4 | 1 | 5 |   | 8 | 6 | 2 |
| 6 | 2 | 1 |   | 7 | 9 |   |   |   |

## Puzzle 27

| | | | 4 | 1 | 5 | 3 | 9 | 2 |
|---|---|---|---|---|---|---|---|---|
| 3 | 2 | 1 | 9 | 8 | 6 | 5 | 7 | 4 |
| 5 | 9 | 4 | 2 | 3 | 7 | 6 | | |
| 4 | 6 | 3 | 7 | 2 | 8 | 1 | 5 | 9 |
| 7 | 5 | 2 | 3 | 9 | 1 | 8 | 4 | 6 |
| 9 | 1 | 8 | 5 | 6 | | 7 | 2 | 3 |
| 1 | 4 | 9 | 8 | 7 | 3 | 2 | 6 | 5 |
| | 3 | | 6 | | | | | |
| | | | 1 | | | | 3 | |

## Puzzle 28

| | | 4 | 8 | 5 | 6 | 2 | 7 | 3 |
|---|---|---|---|---|---|---|---|---|
| 7 | 8 | 5 | 2 | 1 | 3 | 4 | | |
| 6 | 2 | 3 | 7 | 9 | 4 | | 1 | 5 |
| 4 | 5 | 6 | 1 | 3 | 9 | 7 | 8 | 2 |
| 8 | 7 | 9 | 4 | 2 | 5 | | | |
| 2 | 3 | 1 | | 8 | 7 | 9 | 5 | 4 |
| 5 | | | 3 | | 2 | | | |
| | | 2 | 5 | | 8 | | | |
| 3 | 4 | 7 | 9 | 6 | 1 | 5 | 2 | 8 |

## Puzzle 29

| | | | | | | | | |
|---|---|---|---|---|---|---|---|---|
| | | 1 | 4 | 3 | | 5 | 7 | 6 |
| 4 | 6 | 3 | 5 | | 7 | 9 | 1 | 2 |
| 5 | 2 | 7 | 6 | 9 | 1 | 4 | 3 | 8 |
| 1 | | 2 | 7 | 4 | 6 | 3 | 8 | 9 |
| 6 | 8 | 9 | 2 | 5 | 3 | 7 | 4 | 1 |
| 3 | 7 | 4 | | 1 | 9 | 2 | 6 | 5 |
| 7 | 3 | 6 | | 2 | | 1 | | 4 |
| | 1 | | 3 | 6 | | 8 | 2 | 7 |
| | | | 1 | 7 | | | | 3 |

## Puzzle 30

| | | | | | | | | |
|---|---|---|---|---|---|---|---|---|
| | 7 | 3 | 4 | 8 | 5 | 1 | 9 | 6 |
| 9 | 8 | 6 | 1 | | 2 | 5 | | 4 |
| 1 | 5 | 4 | 6 | 9 | | 2 | 8 | 3 |
| 3 | 6 | 8 | 7 | | 4 | 9 | 5 | 2 |
| 5 | 4 | 1 | 9 | 2 | | 8 | 3 | 7 |
| 7 | 9 | | 3 | 5 | 8 | | 6 | 1 |
| 6 | | 9 | 8 | 4 | | | 2 | 5 |
| | | 7 | 5 | 6 | 9 | 3 | 1 | |
| | | 5 | 2 | 7 | | 6 | 4 | 9 |

## Puzzle 31

| 5 | 7 | 9 | 2 | 6 | 3 | 1 | 8 | 4 |
|---|---|---|---|---|---|---|---|---|
| 8 | 4 | 2 | 1 | 5 |   | 7 | 3 | 6 |
| 1 | 3 |   | 7 |   | 4 |   |   | 5 |
| 2 | 9 | 4 | 6 | 7 | 8 | 5 | 1 | 3 |
| 3 | 6 |   | 4 | 9 | 1 | 8 | 7 | 2 |
| 7 | 1 | 8 | 3 | 2 |   | 6 | 4 | 9 |
| 6 | 5 | 1 | 8 | 4 | 2 |   | 9 |   |
|   | 8 |   | 9 |   | 6 | 2 | 5 | 1 |
|   |   | 3 |   | 1 | 7 |   |   |   |

## Puzzle 32

| 8 | 2 |   |   | 3 |   | 1 | 7 | 6 |
|---|---|---|---|---|---|---|---|---|
|   | 6 |   |   |   |   | 2 |   | 3 |
|   | 1 | 3 | 6 | 2 |   | 4 |   | 9 |
| 5 | 8 | 1 | 3 | 4 | 6 | 7 | 9 |   |
| 6 |   | 2 | 8 | 7 | 1 | 3 | 4 | 5 |
|   | 4 | 7 |   | 9 | 2 | 6 | 1 | 8 |
| 2 | 3 | 9 |   |   |   | 5 | 6 |   |
| 4 | 7 | 6 | 2 | 5 | 9 | 8 | 3 | 1 |
| 1 | 5 | 8 | 7 | 6 | 3 | 9 | 2 | 4 |

## Puzzle 33

| 3 | 4 | 8 | 5 | 6 | 7 | 2 | 9 |   |
|---|---|---|---|---|---|---|---|---|
| 7 | 5 | 6 |   |   | 2 | 3 | 4 | 8 |
| 1 | 9 | 2 | 4 |   | 3 | 6 | 5 | 7 |
| 6 | 2 | 9 | 1 | 7 | 5 |   | 3 |   |
|   | 8 |   | 6 | 3 | 4 | 9 | 1 |   |
| 4 |   |   | 2 | 9 | 8 | 7 | 6 | 5 |
| 2 |   | 5 |   | 4 | 6 | 1 |   | 9 |
| 9 |   | 4 |   | 2 | 1 | 5 |   | 6 |
| 8 | 6 | 1 | 7 | 5 | 9 | 4 | 2 | 3 |

## Puzzle 34

|   |   |   |   |   | 1 | 2 | 7 |   |
|---|---|---|---|---|---|---|---|---|
| 7 | 8 |   | 6 | 2 |   | 5 | 3 | 1 |
|   | 5 | 2 |   | 3 | 8 | 4 |   | 9 |
|   | 1 | 6 | 3 | 8 |   | 9 | 5 |   |
| 8 |   | 3 | 4 | 9 | 5 | 6 | 1 | 7 |
|   | 9 | 7 | 1 | 6 | 2 |   | 8 |   |
| 2 | 6 | 1 | 8 | 5 | 4 | 7 | 9 | 3 |
| 3 | 4 | 8 | 9 | 7 | 6 | 1 | 2 | 5 |
| 9 | 7 | 5 | 2 | 1 | 3 | 8 | 4 |   |

## Puzzle 35

| 2 | 9 |   |   | 5 | 3 | 1 | 6 | 8 |
|---|---|---|---|---|---|---|---|---|
| 3 |   | 5 |   | 9 | 8 | 2 | 7 | 4 |
|   |   |   |   | 4 | 2 | 5 | 9 | 3 |
|   | 3 |   | 2 | 7 | 6 | 8 |   |   |
| 1 | 5 | 2 | 3 | 8 | 9 | 6 | 4 | 7 |
|   |   |   | 4 | 1 | 5 | 3 | 2 | 9 |
| 9 | 4 | 3 | 8 | 6 | 1 | 7 |   | 2 |
| 7 | 8 | 1 | 5 | 2 | 4 | 9 |   | 6 |
|   | 2 | 6 | 9 | 3 | 7 | 4 | 8 | 1 |

## Puzzle 36

| 2 | 3 | 4 |   |   |   | 8 | 6 | 5 |
|---|---|---|---|---|---|---|---|---|
| 6 | 7 | 1 | 8 | 5 | 3 | 9 | 2 |   |
| 8 | 5 | 9 |   | 4 | 6 | 1 | 3 | 7 |
| 1 | 6 | 3 | 5 | 2 | 8 |   |   | 9 |
|   | 9 | 2 | 3 | 7 | 4 | 6 | 1 | 8 |
| 7 |   | 8 | 6 |   |   | 3 | 5 | 2 |
| 9 | 2 | 6 |   |   | 5 |   | 8 | 1 |
| 4 | 8 | 7 | 1 | 6 |   | 5 | 9 | 3 |
| 3 | 1 | 5 |   | 8 |   | 2 |   | 6 |

## Puzzle 37

| 2 | 7 | 3 | 5 | 4 | 8 | 9 | 6 | 1 |
|---|---|---|---|---|---|---|---|---|
| 4 | 1 | 9 | 3 | 6 | 2 | 5 | 7 | 8 |
| 6 | 5 | 8 | 9 | 1 | 7 | 4 | 2 | 3 |
| 3 |   | 2 | 1 | 7 | 4 | 8 | 5 |   |
| 7 | 8 | 1 | 6 | 5 | 9 | 2 | 3 | 4 |
| 5 |   | 4 | 8 | 2 | 3 | 7 | 1 |   |
|   | 2 | 7 | 4 |   |   |   |   |   |
|   |   | 5 | 7 |   | 1 | 6 |   | 2 |
|   |   | 6 | 2 |   | 5 |   |   | 7 |

## Puzzle 38

|   |   | 9 | 5 | 7 | 2 | 3 | 1 | 4 |
|---|---|---|---|---|---|---|---|---|
| 5 |   | 7 | 1 | 4 | 3 |   | 8 | 6 |
| 1 | 3 | 4 | 8 |   | 9 | 7 | 2 | 5 |
|   |   | 2 |   |   |   | 8 |   | 1 |
| 9 | 7 |   | 2 | 1 | 8 | 6 | 4 | 3 |
|   |   | 1 |   |   |   | 5 |   | 2 |
| 2 | 1 | 8 |   |   | 5 | 4 | 6 | 7 |
| 4 | 5 | 6 |   | 8 | 1 | 2 | 3 | 9 |
| 7 | 9 | 3 | 6 | 2 | 4 | 1 | 5 | 8 |

## Puzzle 39

| | | 2 | 5 | | 8 | 1 | 6 | |
|---|---|---|---|---|---|---|---|---|
| | 8 | 1 | 6 | 4 | 2 | 9 | 5 | |
| 5 | | 6 | 3 | | 1 | | 2 | |
| 6 | 1 | | 2 | 8 | | | 3 | 5 |
| 8 | 5 | | 1 | 3 | | 2 | | 6 |
| 2 | 3 | | 4 | 5 | 6 | | | 1 |
| 1 | 7 | 3 | 9 | 2 | 5 | 6 | | |
| 9 | 6 | 5 | 8 | 1 | 4 | 3 | 7 | 2 |
| 4 | 2 | 8 | 7 | 6 | 3 | 5 | 1 | 9 |

## Puzzle 40

| | 8 | 5 | 7 | 3 | 9 | | 1 | |
|---|---|---|---|---|---|---|---|---|
| 4 | | 7 | | 8 | | 2 | 5 | 9 |
| 9 | 6 | 1 | | | | 7 | 8 | 3 |
| 7 | 9 | 4 | 8 | 1 | 6 | 3 | 2 | 5 |
| 3 | 5 | 6 | | | | 1 | 7 | 8 |
| 1 | 2 | 8 | 3 | 7 | 5 | 9 | 6 | 4 |
| 6 | | | | | | 5 | 3 | 1 |
| 8 | 1 | 9 | 2 | 5 | | 6 | 4 | 7 |
| 5 | 4 | 3 | 1 | 6 | 7 | 8 | 9 | 2 |

## Puzzle 41

| 9 | 3 | 1 | 4 | 8 | 5 | 2 | 6 | 7 |
|---|---|---|---|---|---|---|---|---|
|   | 5 | 6 |   | 9 | 7 | 3 | 8 | 4 |
| 4 | 7 | 8 | 6 | 2 |   | 5 | 1 | 9 |
| 8 | 6 | 4 |   | 5 | 9 | 1 | 7 | 2 |
| 1 | 2 | 5 | 7 | 6 | 8 | 9 |   | 3 |
|   |   | 7 | 2 | 4 | 1 |   | 5 |   |
| 7 | 1 | 9 | 8 |   | 6 | 4 |   |   |
| 6 | 4 | 3 | 5 |   | 2 |   | 9 |   |
| 5 | 8 | 2 | 9 |   | 4 |   | 3 |   |

## Puzzle 42

| 4 | 5 | 6 | 8 | 7 | 9 | 3 | 1 | 2 |
|---|---|---|---|---|---|---|---|---|
| 7 | 2 | 3 | 5 | 1 | 4 |   |   |   |
| 9 | 1 | 8 | 6 | 3 | 2 | 7 | 4 | 5 |
| 1 | 3 | 4 |   | 8 | 5 |   |   |   |
| 2 | 9 | 5 |   | 4 | 6 | 1 | 8 |   |
| 6 |   | 7 |   | 9 | 1 | 5 |   | 4 |
| 5 | 7 | 1 | 9 | 2 | 8 | 4 |   |   |
| 8 | 6 | 9 | 4 | 5 | 3 | 2 | 7 | 1 |
|   | 4 | 2 |   | 6 | 7 |   | 5 |   |

## Puzzle 43

| 8 | 9 | 6 | 5 |   |   | 3 |   |   |
|---|---|---|---|---|---|---|---|---|
| 7 | 3 | 5 | 6 | 9 |   |   | 2 |   |
| 4 | 2 | 1 | 8 | 7 | 3 | 9 | 5 | 6 |
|   |   |   | 7 |   | 2 | 8 |   |   |
|   |   | 8 | 9 | 4 | 5 | 2 | 6 | 3 |
| 6 |   | 2 | 1 | 3 | 8 |   | 9 |   |
| 2 | 6 | 4 | 3 | 1 | 7 | 5 | 8 | 9 |
| 5 | 1 | 7 | 4 | 8 | 9 | 6 | 3 | 2 |
| 3 | 8 | 9 | 2 | 5 | 6 |   |   |   |

## Puzzle 44

| 4 |   | 7 |   | 6 | 2 | 1 | 8 | 5 |
|---|---|---|---|---|---|---|---|---|
| 8 | 6 | 3 | 5 | 7 | 1 | 9 | 4 | 2 |
|   | 2 |   | 8 | 9 | 4 | 3 |   |   |
| 5 | 7 |   | 1 | 2 |   | 4 |   |   |
|   |   | 2 | 4 |   | 5 | 8 |   |   |
| 3 | 4 | 6 | 7 |   | 9 | 5 | 2 | 1 |
| 7 | 5 | 4 | 6 | 1 | 8 | 2 | 3 | 9 |
| 6 | 8 | 9 | 2 | 5 | 3 |   | 1 | 4 |
| 2 | 3 | 1 | 9 | 4 | 7 | 6 | 5 | 8 |

## Puzzle 45

| 9 | 8 | 5 | 6 |   | 2 | 4 | 1 | 7 |
|---|---|---|---|---|---|---|---|---|
| 4 | 1 |   | 7 | 5 | 9 |   | 2 | 6 |
| 7 |   | 2 |   | 4 |   | 5 | 9 | 3 |
|   | 9 | 1 |   | 2 | 7 | 6 | 4 | 5 |
|   | 5 | 4 |   | 1 | 6 |   | 7 |   |
|   | 7 | 6 | 4 |   |   | 1 | 3 | 8 |
| 1 |   |   |   | 6 |   | 7 |   | 4 |
| 6 | 4 | 7 | 2 | 8 | 1 | 3 | 5 | 9 |
| 5 | 3 | 8 | 9 | 7 | 4 | 2 | 6 | 1 |

## Puzzle 46

|   | 9 |   | 6 | 4 |   | 7 | 1 |   |
|---|---|---|---|---|---|---|---|---|
|   |   | 1 |   | 9 | 7 | 6 | 4 |   |
| 7 | 6 | 4 | 8 | 2 | 1 |   | 5 | 9 |
|   |   | 8 | 7 | 5 |   | 9 | 6 | 1 |
|   | 7 |   | 1 | 6 |   | 2 | 8 |   |
| 6 | 1 |   |   | 8 | 2 | 4 | 7 |   |
| 1 | 4 | 7 |   | 3 |   | 8 | 2 | 6 |
| 9 | 5 | 6 | 2 | 7 | 8 | 1 | 3 | 4 |
| 3 | 8 | 2 | 4 | 1 | 6 | 5 | 9 | 7 |

## Puzzle 47

| 6 | 3 | 2 | 1 | 5 | 7 | 8 | 4 | 9 |
|---|---|---|---|---|---|---|---|---|
| 7 | 1 | 9 | 2 | 4 | 8 | 3 | 6 | 5 |
| 4 | 8 | 5 |   |   |   | 2 | 1 | 7 |
| 2 |   | 6 | 7 | 8 |   |   |   | 3 |
| 1 | 7 | 8 |   |   |   |   |   | 2 |
| 3 |   | 4 |   |   | 2 |   | 7 | 8 |
| 5 | 6 | 3 | 8 |   |   | 7 | 2 | 4 |
| 8 | 2 | 1 | 4 | 7 | 5 |   | 3 | 6 |
| 9 | 4 | 7 | 6 | 2 | 3 | 5 | 8 | 1 |

## Puzzle 48

| 7 | 5 | 9 |   | 3 | 2 | 8 | 1 | 6 |
|---|---|---|---|---|---|---|---|---|
| 4 | 3 | 6 | 1 | 8 |   | 9 | 7 | 2 |
| 8 |   | 1 |   |   |   | 3 | 5 | 4 |
| 3 | 7 |   |   | 6 | 8 | 5 | 9 | 1 |
| 2 | 9 | 8 | 5 | 1 | 7 |   | 4 | 3 |
| 1 | 6 | 5 | 3 |   |   | 7 | 2 | 8 |
| 5 | 8 | 2 |   |   |   | 1 | 3 | 9 |
| 6 | 1 | 7 | 9 |   | 3 |   | 8 | 5 |
| 9 | 4 |   | 8 | 5 | 1 | 2 | 6 | 7 |

## Puzzle 49

| 4 |   |   | 9 | 7 | 8 | 2 | 6 |   |
|---|---|---|---|---|---|---|---|---|
| 2 | 8 | 6 | 3 | 4 | 5 |   |   | 1 |
| 7 |   |   | 6 | 1 | 2 | 4 |   | 8 |
| 1 | 3 | 5 | 7 | 9 | 4 | 6 | 8 | 2 |
| 6 |   |   | 1 | 8 | 3 |   |   | 4 |
| 8 | 4 | 7 | 2 | 5 | 6 | 1 |   |   |
| 5 | 6 | 8 | 4 | 2 | 9 | 3 | 1 | 7 |
| 3 | 7 |   |   | 6 | 1 |   | 2 |   |
| 9 |   |   | 5 | 3 | 7 | 8 | 4 | 6 |

## Puzzle 50

| 4 | 2 | 1 | 3 | 6 | 8 |   | 5 |   |
|---|---|---|---|---|---|---|---|---|
| 7 | 5 | 3 | 1 | 9 | 4 | 8 | 2 | 6 |
| 6 | 8 | 9 |   | 2 |   | 3 | 4 |   |
| 3 | 9 | 4 |   | 8 |   |   | 1 |   |
|   | 7 | 5 | 2 | 3 | 1 |   | 6 |   |
| 2 | 1 | 6 | 4 | 7 | 9 | 5 | 3 | 8 |
| 1 | 3 | 7 |   | 4 | 2 | 6 | 9 | 5 |
| 9 | 4 | 2 |   | 5 |   | 1 | 8 | 3 |
| 5 |   | 8 | 9 | 1 | 3 |   | 7 |   |

## Puzzle 51

| 8 | 5 | 9 | 1 | 7 |   |   | 6 | 2 |
|---|---|---|---|---|---|---|---|---|
| 7 | 6 | 1 |   |   | 9 |   | 8 | 5 |
| 4 | 3 | 2 | 5 | 8 | 6 | 9 | 1 | 7 |
| 9 | 2 | 7 | 6 |   |   | 1 | 3 | 8 |
| 6 | 8 | 3 |   | 1 |   | 5 | 4 | 9 |
| 1 | 4 | 5 | 9 | 3 | 8 | 7 | 2 | 6 |
|   | 1 | 6 |   |   |   | 8 | 5 | 4 |
|   | 7 | 4 | 8 | 6 |   | 2 | 9 | 1 |
|   | 9 | 8 |   |   | 1 | 6 | 7 | 3 |

## Puzzle 52

|   | 2 | 6 | 1 | 7 | 4 | 9 | 8 | 5 |
|---|---|---|---|---|---|---|---|---|
|   | 5 | 1 |   | 6 | 3 | 2 | 4 | 7 |
| 7 | 9 | 4 | 5 | 2 |   | 1 | 6 | 3 |
| 1 | 8 | 7 |   | 5 | 2 | 3 | 9 |   |
| 6 | 4 |   |   | 3 | 1 | 8 | 5 |   |
|   | 3 | 2 |   | 8 | 9 | 7 | 1 |   |
| 2 |   | 8 | 3 | 1 | 5 | 4 | 7 | 9 |
| 4 |   |   | 8 | 9 |   | 5 | 2 |   |
| 9 | 1 | 5 | 2 | 4 | 7 | 6 | 3 | 8 |

## Puzzle 53

| | 2 | 9 | 5 | | 3 | | 1 | |
|---|---|---|---|---|---|---|---|---|
| | 6 | 5 | 9 | 2 | 1 | 4 | 3 | |
| | 3 | 1 | | | 7 | 2 | | 9 |
| 3 | | 7 | 1 | 9 | | 5 | 8 | 2 |
| 9 | 5 | 6 | 2 | 7 | 8 | 1 | 4 | 3 |
| 2 | 1 | 8 | 3 | | 4 | 9 | 7 | 6 |
| 1 | 7 | 2 | | | 5 | 3 | 9 | 4 |
| 5 | | 4 | 7 | | 2 | | 6 | |
| 6 | 8 | | 4 | 1 | 9 | 7 | 2 | 5 |

## Puzzle 54

| 4 | 1 | 2 | 9 | 6 | 8 | | 3 | |
|---|---|---|---|---|---|---|---|---|
| 3 | 7 | 8 | 5 | 4 | | | 6 | 1 |
| 5 | 9 | 6 | 1 | 7 | 3 | 4 | | 8 |
| 9 | 5 | 7 | | | 6 | 3 | 1 | 4 |
| 8 | | 3 | 4 | 9 | 1 | 5 | 7 | |
| 6 | 4 | 1 | 3 | | 7 | 2 | 8 | |
| | | | | | | 8 | 9 | 2 |
| | 8 | 4 | | 1 | | | 5 | 3 |
| 2 | 3 | 9 | 6 | 8 | 5 | 1 | 4 | 7 |

## Puzzle 55

| | 6 | 1 | | 7 | 3 | 5 | | 2 |
|---|---|---|---|---|---|---|---|---|
| 2 | 3 | 8 | | 5 | 4 | 7 | | 1 |
| 5 | 7 | 9 | 8 | 1 | 2 | | 4 | 3 |
| | | 2 | 1 | 9 | | | 5 | |
| | | | 4 | 8 | | 2 | | 9 |
| 9 | 5 | 4 | 2 | 3 | 7 | 8 | 1 | |
| 1 | 2 | 7 | 5 | 4 | 9 | | | 8 |
| 6 | 9 | 5 | 3 | 2 | 8 | 1 | 7 | 4 |
| 8 | 4 | 3 | 7 | 6 | 1 | 9 | 2 | 5 |

## Puzzle 56

| 6 | 9 | 5 | 7 | 8 | | 4 | 1 | 2 |
|---|---|---|---|---|---|---|---|---|
| 7 | | 3 | | 9 | 1 | 5 | 6 | |
| 8 | | 4 | 2 | 6 | 5 | 7 | 9 | 3 |
| 4 | 6 | 8 | 5 | 3 | 7 | 1 | 2 | 9 |
| | 3 | 7 | 9 | 2 | 4 | 8 | 5 | 6 |
| 9 | | 2 | 6 | 1 | 8 | 3 | 7 | |
| | 7 | 9 | | 4 | | 2 | | 1 |
| | 8 | 6 | 1 | | 2 | 9 | 4 | |
| 2 | 4 | 1 | 8 | | 9 | 6 | 3 | |

## Puzzle 57

| 4 |   |   |   |   |   | 1 | 6 | 3 |
|---|---|---|---|---|---|---|---|---|
| 5 | 6 | 3 | 1 | 8 | 9 | 7 | 4 | 2 |
| 2 | 1 | 7 | 3 | 4 | 6 | 9 | 8 | 5 |
| 6 |   |   |   |   |   |   | 3 |   |
| 3 |   | 5 |   | 6 | 1 |   | 7 |   |
| 7 |   |   |   | 9 | 3 | 6 | 5 |   |
| 1 | 5 | 6 | 9 | 7 | 8 | 3 | 2 | 4 |
| 8 | 3 | 2 | 6 | 1 | 4 | 5 | 9 | 7 |
| 9 | 7 | 4 | 5 | 3 | 2 | 8 | 1 | 6 |

## Puzzle 58

| 6 | 7 |   |   | 5 |   | 3 |   | 1 |
|---|---|---|---|---|---|---|---|---|
| 4 | 5 | 1 | 8 | 9 | 3 | 2 | 7 | 6 |
| 2 | 8 |   |   | 7 | 1 | 5 | 4 | 9 |
| 7 | 9 | 4 | 3 | 1 |   | 8 | 6 | 2 |
| 3 | 1 | 8 |   |   | 7 | 9 |   |   |
|   | 6 | 2 | 9 | 4 | 8 | 7 | 1 | 3 |
|   |   | 6 | 7 | 8 | 4 | 1 | 2 | 5 |
| 1 | 2 | 7 | 5 | 3 | 6 | 4 | 9 | 8 |
| 8 | 4 |   |   |   |   |   | 3 | 7 |

## Puzzle 59

| | | | | | | | | |
|---|---|---|---|---|---|---|---|---|
| 1 |   |   | 3 |   | 9 | 2 | 4 |   |
| 2 | 4 |   | 5 |   |   | 3 | 9 |   |
| 9 | 3 |   | 2 |   |   | 6 | 1 | 5 |
| 6 | 1 | 4 | 8 | 5 | 3 | 9 | 7 |   |
| 5 |   |   | 4 |   |   | 8 | 6 | 3 |
| 8 | 2 | 3 | 7 | 9 | 6 | 1 | 5 | 4 |
| 7 | 8 | 1 | 9 |   |   | 5 | 3 | 6 |
| 3 |   |   | 6 | 7 | 8 | 4 | 2 | 1 |
| 4 |   | 2 | 1 | 3 | 5 | 7 | 8 | 9 |

## Puzzle 60

| | | | | | | | | |
|---|---|---|---|---|---|---|---|---|
| 2 | 4 | 5 | 6 | 7 | 9 | 3 | 1 | 8 |
| 7 | 8 | 3 | 2 | 1 |   | 4 | 9 | 6 |
| 1 | 6 | 9 | 4 | 3 | 8 | 2 | 7 | 5 |
|   | 1 | 4 | 8 | 2 | 7 | 9 |   | 3 |
|   | 3 |   | 9 | 5 | 4 | 7 | 2 | 1 |
| 9 |   | 2 | 3 | 6 | 1 |   | 5 | 4 |
|   | 5 |   |   | 9 | 3 | 1 | 4 | 2 |
| 4 | 9 |   |   | 8 | 2 |   |   | 7 |
|   |   |   | 1 |   |   |   | 8 | 9 |

## Puzzle 61

| | | | | | | | | |
|---|---|---|---|---|---|---|---|---|
|   |   | 7 | 6 | 9 |   | 8 |   | 1 |
| 1 | 2 | 9 | 8 | 3 |   | 7 | 4 | 6 |
|   |   | 8 | 7 | 1 |   | 9 | 3 |   |
|   | 1 | 3 | 2 | 8 | 6 | 5 |   | 4 |
|   | 8 | 2 | 5 | 4 | 1 | 3 | 6 |   |
| 6 | 4 | 5 | 3 | 7 | 9 | 2 | 1 | 8 |
| 2 | 9 | 6 | 4 | 5 | 7 | 1 | 8 | 3 |
| 8 | 7 |   |   | 6 | 3 | 4 |   |   |
| 3 | 5 | 4 | 1 | 2 | 8 | 6 |   |   |

## Puzzle 62

| | | | | | | | | |
|---|---|---|---|---|---|---|---|---|
| 5 |   | 2 | 3 | 7 | 1 | 4 |   | 6 |
| 6 | 3 | 8 | 5 | 4 | 9 | 7 | 1 | 2 |
| 7 | 1 | 4 | 8 | 6 | 2 |   |   |   |
| 1 |   | 9 | 6 | 3 |   | 8 |   | 7 |
| 2 | 4 |   | 1 | 8 | 5 |   |   |   |
| 8 | 6 |   | 2 | 9 | 7 | 1 | 4 | 5 |
| 3 |   |   | 4 | 2 | 8 |   | 9 | 1 |
| 4 | 2 |   |   | 1 |   |   |   | 8 |
| 9 | 8 | 1 | 7 | 5 | 6 | 2 | 3 | 4 |

## Puzzle 63

| | | | | | 4 | 5 | 2 | 6 |
|---|---|---|---|---|---|---|---|---|
| | 5 | 6 | 8 | | 2 | 4 | 7 | 9 |
| 2 | 9 | 4 | 6 | 7 | 5 | 8 | 1 | 3 |
| | 4 | | 7 | | 6 | 3 | 8 | |
| | 6 | | 1 | 4 | 8 | 9 | 5 | |
| | | | | 2 | 3 | 6 | 4 | |
| 6 | 1 | 7 | 4 | 8 | 9 | 2 | 3 | 5 |
| 8 | 2 | 9 | | | 7 | 1 | 6 | 4 |
| 4 | 3 | 5 | 2 | 6 | 1 | 7 | 9 | 8 |

## Puzzle 64

| 3 | 7 | 1 | | 4 | | 6 | 5 | 2 |
|---|---|---|---|---|---|---|---|---|
| 8 | 5 | 9 | 6 | 2 | 1 | 3 | 7 | 4 |
| | 6 | | 7 | | 3 | 9 | 8 | 1 |
| 5 | | 8 | 1 | | 7 | | | |
| 1 | | 6 | 3 | 8 | 5 | | | 7 |
| 9 | | 7 | 4 | | 2 | 8 | 1 | 5 |
| 7 | | 5 | 2 | 3 | 6 | 1 | 4 | 9 |
| 4 | 9 | 3 | | 1 | 8 | 7 | 2 | 6 |
| 6 | 1 | 2 | 9 | 7 | 4 | 5 | 3 | 8 |

# Puzzle 65

|   |   |   |   |   |   |   |   |   |
|---|---|---|---|---|---|---|---|---|
|   | 9 | 3 | 7 | 5 | 8 |   | 4 | 6 |
| 4 | 2 | 7 | 6 | 9 | 3 |   | 5 | 8 |
| 8 | 5 | 6 | 2 | 4 | 1 | 7 | 9 | 3 |
| 6 | 7 | 1 |   | 8 |   |   | 2 | 9 |
| 9 | 8 |   | 1 | 3 | 2 | 6 | 7 | 4 |
| 3 | 4 | 2 | 9 | 6 | 7 | 5 | 8 |   |
| 7 | 1 | 4 | 3 | 2 |   |   | 6 | 5 |
| 5 | 3 | 9 | 8 | 7 | 6 | 4 |   | 2 |
|   |   |   |   |   |   |   |   |   |

# Puzzle 66

|   |   |   |   |   |   |   |   |   |
|---|---|---|---|---|---|---|---|---|
| 5 | 6 | 7 | 2 | 8 | 4 |   | 3 |   |
| 3 | 8 | 9 | 6 | 1 | 5 | 4 | 7 | 2 |
| 4 | 2 |   | 9 | 7 | 3 | 5 | 6 | 8 |
| 8 | 7 | 6 | 4 | 3 | 9 | 2 | 1 | 5 |
| 2 | 9 | 5 | 7 | 6 | 1 | 3 | 8 | 4 |
| 1 | 3 | 4 | 8 | 5 | 2 | 6 | 9 | 7 |
|   |   |   |   |   | 8 | 7 | 5 | 6 |
| 6 |   |   | 5 |   | 7 |   |   |   |
| 7 | 5 |   |   |   |   |   |   |   |

## Puzzle 67

| 7 | 2 | 1 |   | 5 | 8 |   | 6 | 3 |
|---|---|---|---|---|---|---|---|---|
| 9 | 6 | 5 | 4 | 3 | 2 |   | 8 |   |
| 8 | 3 |   | 6 |   | 7 | 2 | 5 | 9 |
| 3 | 5 | 9 | 7 | 8 | 1 | 6 | 4 |   |
|   | 7 | 6 | 2 | 4 |   |   | 3 | 8 |
| 2 | 4 | 8 |   | 6 |   | 7 | 9 | 1 |
| 5 | 9 | 2 | 8 | 7 | 4 | 3 | 1 | 6 |
| 6 | 1 | 7 |   | 9 |   | 8 |   |   |
|   | 8 |   | 1 | 2 | 6 | 9 | 7 | 5 |

## Puzzle 68

| 4 | 5 | 1 | 8 |   | 7 | 3 |   | 2 |
|---|---|---|---|---|---|---|---|---|
| 8 | 7 | 3 |   |   |   | 5 |   | 4 |
| 6 | 2 | 9 |   | 5 | 3 | 8 | 1 | 7 |
| 5 | 1 | 6 | 7 | 3 | 8 |   | 4 | 9 |
| 9 | 3 | 2 | 6 | 4 | 5 |   | 8 | 1 |
| 7 | 8 | 4 |   | 1 | 9 | 6 | 5 | 3 |
|   | 6 | 5 |   |   | 4 |   |   | 8 |
| 1 | 9 | 7 | 3 | 8 | 6 | 4 | 2 | 5 |
|   |   | 8 | 5 |   |   |   |   | 6 |

## Puzzle 69

| 4 | 8 |   | 9 |   |   | 5 | 1 | 7 |
|---|---|---|---|---|---|---|---|---|
| 9 | 2 | 5 | 1 | 7 | 3 |   | 4 | 6 |
| 6 | 1 | 7 | 5 |   | 8 | 9 | 3 | 2 |
| 7 | 4 | 6 | 3 | 2 | 5 | 1 | 8 | 9 |
| 3 | 5 | 1 |   | 8 |   | 7 | 2 | 4 |
| 2 | 9 | 8 | 4 | 1 | 7 | 3 | 6 | 5 |
| 5 | 7 | 4 | 8 | 3 | 6 | 2 | 9 | 1 |
|   |   | 2 | 7 | 9 |   |   | 5 |   |
|   |   | 9 | 2 |   |   |   | 7 |   |

## Puzzle 70

| 3 | 8 | 4 |   | 9 | 5 | 1 | 2 | 7 |
|---|---|---|---|---|---|---|---|---|
| 7 | 5 | 2 | 1 | 8 | 4 |   | 6 | 9 |
| 6 | 1 | 9 | 2 |   | 7 | 5 | 8 | 4 |
| 1 | 3 | 6 | 9 | 2 | 8 | 4 | 7 | 5 |
|   | 7 | 8 | 5 | 6 | 3 | 2 | 9 |   |
| 9 | 2 | 5 |   | 4 |   | 8 | 3 | 6 |
| 2 | 4 |   | 8 |   | 6 | 9 | 5 |   |
| 5 | 9 |   | 3 |   | 2 | 6 | 4 | 8 |
| 8 |   |   |   |   |   |   | 1 | 2 |

## Puzzle 71

| 1 | 6 |   | 9 | 2 | 5 | 7 | 8 | 4 |
|---|---|---|---|---|---|---|---|---|
| 7 | 2 | 9 | 6 | 4 | 8 | 1 | 3 | 5 |
|   | 8 | 4 | 1 | 7 | 3 | 9 | 2 | 6 |
| 4 | 1 | 2 | 7 | 5 |   | 3 | 6 | 8 |
| 8 | 9 | 6 | 4 | 3 | 1 | 5 | 7 | 2 |
| 3 | 5 | 7 | 8 | 6 | 2 |   | 1 | 9 |
|   | 3 |   | 5 |   | 6 |   | 4 |   |
|   | 7 |   | 2 |   | 4 |   | 5 | 3 |
|   | 4 | 5 |   | 8 |   |   |   | 1 |

## Puzzle 72

| 7 | 5 | 1 | 4 | 9 | 2 | 8 | 6 | 3 |
|---|---|---|---|---|---|---|---|---|
|   |   | 3 |   | 1 | 6 |   |   | 5 |
|   |   | 6 |   | 3 | 5 |   |   |   |
| 5 | 7 | 9 | 3 | 4 | 1 | 6 | 2 | 8 |
| 1 | 3 | 4 |   | 2 | 8 | 5 |   |   |
| 2 | 6 | 8 |   | 7 | 9 | 1 | 3 | 4 |
| 9 | 4 | 5 | 1 | 6 | 3 | 7 | 8 | 2 |
| 3 | 1 | 2 | 9 | 8 | 7 | 4 | 5 | 6 |
| 6 | 8 | 7 | 2 | 5 | 4 | 3 |   |   |

## Puzzle 73

| 8 | 6 | 9 | 2 |   |   | 3 | 5 | 4 |
|---|---|---|---|---|---|---|---|---|
| 7 | 2 | 5 | 4 |   | 8 | 6 | 1 | 9 |
| 4 | 3 | 1 | 6 | 5 | 9 | 7 | 2 | 8 |
| 2 | 8 | 7 | 1 | 6 | 4 | 9 |   | 5 |
| 9 | 5 | 6 | 7 | 8 |   | 1 | 4 | 2 |
|   |   | 4 | 5 | 9 | 2 | 8 |   |   |
|   | 7 |   | 8 |   | 5 | 4 | 9 | 1 |
| 1 | 9 | 2 | 3 | 4 |   | 5 | 8 |   |
| 5 | 4 | 8 | 9 |   |   | 2 |   | 3 |

## Puzzle 74

| 5 | 6 | 7 | 4 | 8 | 9 | 1 | 2 | 3 |
|---|---|---|---|---|---|---|---|---|
| 8 | 2 | 9 |   |   |   | 4 | 7 | 6 |
|   | 4 | 3 | 6 | 2 | 7 | 8 | 9 | 5 |
| 2 | 9 | 1 | 8 |   | 6 | 5 | 3 | 4 |
| 7 | 8 |   |   | 3 | 5 | 2 | 6 | 1 |
| 6 | 3 |   | 2 |   |   | 9 | 8 |   |
| 3 | 5 |   | 1 | 6 |   | 7 | 4 | 9 |
| 4 | 1 |   | 7 | 9 |   |   | 5 | 2 |
| 9 | 7 |   |   |   |   |   | 1 | 8 |

## Puzzle 75

| 8 | 5 | 9 | 4 | 2 | 6 | 1 | 7 | 3 |
|---|---|---|---|---|---|---|---|---|
| 4 |   |   | 3 | 7 | 9 | 6 |   | 8 |
|   | 7 |   | 5 | 1 | 8 | 9 | 2 | 4 |
| 1 | 6 | 8 | 2 | 5 | 3 | 7 | 4 | 9 |
|   | 9 |   | 6 | 4 | 7 | 8 | 1 | 2 |
| 7 | 4 | 2 | 9 | 8 | 1 |   | 3 | 6 |
|   | 8 |   | 7 | 9 |   |   | 6 | 1 |
|   | 1 | 6 |   | 3 |   | 4 | 9 | 7 |
| 9 | 3 | 7 | 1 |   |   |   | 8 | 5 |

## Puzzle 76

| 4 | 2 | 9 | 6 | 3 |   | 1 | 7 | 5 |
|---|---|---|---|---|---|---|---|---|
|   | 1 | 6 | 4 | 5 | 2 | 3 |   | 9 |
| 8 | 3 | 5 | 1 | 7 | 9 | 2 | 6 | 4 |
| 2 | 4 | 1 |   |   | 3 | 7 |   | 6 |
|   |   | 8 | 7 |   | 1 | 4 |   |   |
| 3 |   | 7 |   |   |   | 8 |   | 1 |
| 6 | 5 |   | 3 | 4 | 7 | 9 | 1 | 8 |
| 9 | 7 | 4 | 8 | 1 | 5 | 6 | 3 | 2 |
| 1 | 8 | 3 | 2 | 9 | 6 | 5 | 4 | 7 |

## Puzzle 77

| 1 | 2 | 3 | 7 | 4 |   | 5 |   | 8 |
|---|---|---|---|---|---|---|---|---|
| 9 | 6 | 7 | 1 | 5 | 8 | 3 | 4 | 2 |
| 4 | 5 |   | 3 | 2 |   | 1 | 7 |   |
| 6 | 1 | 9 | 5 | 7 | 2 | 8 | 3 | 4 |
| 7 | 8 | 2 | 6 | 3 | 4 | 9 |   |   |
| 5 |   | 4 |   | 8 | 1 | 6 | 2 | 7 |
| 8 | 7 |   |   |   | 5 | 2 |   | 3 |
| 3 | 9 |   | 2 |   | 7 | 4 | 8 |   |
| 2 | 4 |   | 8 |   | 3 | 7 |   |   |

## Puzzle 78

| 8 | 6 | 1 | 3 | 4 | 5 | 7 | 9 | 2 |
|---|---|---|---|---|---|---|---|---|
| 3 | 2 | 5 | 9 | 1 | 7 | 4 | 8 | 6 |
| 9 | 4 | 7 | 2 | 6 | 8 | 1 | 3 | 5 |
| 1 | 7 | 2 | 8 | 3 | 9 | 5 | 6 | 4 |
| 6 | 8 | 4 | 5 | 7 | 1 | 9 | 2 | 3 |
| 5 |   | 9 | 6 | 2 | 4 | 8 |   |   |
| 4 |   | 3 |   |   | 6 | 2 |   |   |
| 2 |   | 8 |   |   | 3 | 6 |   |   |
| 7 | 5 | 6 |   |   | 2 | 3 |   |   |

## Puzzle 79

| 1 | 4 |   | 2 | 5 | 3 |   | 9 | 6 |
|---|---|---|---|---|---|---|---|---|
| 7 |   | 3 | 9 |   | 8 | 4 | 1 | 5 |
|   |   | 5 | 7 | 1 |   | 8 | 2 | 3 |
| 5 | 7 |   |   | 2 |   | 3 | 8 | 9 |
| 9 | 1 |   | 8 | 3 | 7 | 5 | 6 |   |
|   | 3 |   |   |   | 5 | 2 |   | 1 |
| 3 | 8 | 1 |   |   | 2 |   | 5 | 7 |
| 2 | 5 | 9 | 3 | 7 | 1 | 6 | 4 | 8 |
| 4 | 6 | 7 | 5 | 8 | 9 | 1 | 3 | 2 |

## Puzzle 80

| 3 | 8 | 4 |   | 2 | 9 | 5 | 1 | 6 |
|---|---|---|---|---|---|---|---|---|
|   | 9 | 7 | 4 | 6 | 1 | 2 |   |   |
| 2 | 6 |   | 3 | 5 | 8 | 9 | 4 | 7 |
| 6 |   |   | 9 | 4 | 3 | 7 |   | 1 |
| 4 | 7 |   | 2 | 1 | 5 | 6 | 9 |   |
| 1 |   | 9 | 8 | 7 | 6 |   |   | 2 |
| 8 |   |   | 1 | 9 | 2 | 3 | 7 | 5 |
| 7 | 1 | 2 | 5 | 3 | 4 | 8 | 6 | 9 |
| 9 |   |   | 6 | 8 | 7 | 1 | 2 | 4 |

## Puzzle 81

| 6 | 8 |   | 7 |   |   | 4 | 9 | 3 |
|---|---|---|---|---|---|---|---|---|
| 7 | 1 | 9 | 3 | 6 | 4 | 5 | 8 | 2 |
| 3 | 4 |   | 8 |   |   |   |   | 7 |
|   | 2 | 1 |   | 8 | 6 | 7 | 3 | 4 |
| 8 | 7 | 6 | 5 | 4 |   | 9 | 2 | 1 |
| 4 | 9 | 3 | 2 |   |   | 8 | 5 |   |
| 9 | 6 | 7 | 4 | 2 | 5 |   | 1 | 8 |
| 2 | 5 | 4 | 1 | 3 | 8 |   | 7 | 9 |
| 1 | 3 | 8 | 6 |   |   | 2 |   |   |

## Puzzle 82

| 3 | 5 | 7 | 4 | 1 | 8 | 6 | 2 | 9 |
|---|---|---|---|---|---|---|---|---|
| 1 | 2 | 9 | 6 | 3 | 7 | 8 | 4 | 5 |
| 8 | 6 | 4 | 2 | 5 | 9 | 3 | 7 | 1 |
|   | 4 |   | 9 | 7 |   | 1 |   | 8 |
|   | 7 | 8 |   | 6 | 1 | 4 |   | 2 |
| 5 | 3 | 1 | 8 | 2 | 4 | 9 | 6 | 7 |
|   | 9 |   | 1 | 4 |   |   |   |   |
| 4 | 1 | 5 | 7 | 8 | 6 | 2 | 9 | 3 |
|   | 8 |   |   | 9 |   |   | 1 | 4 |

## Puzzle 83

| 8 |   |   | 9 | 5 | 1 | 2 | 7 | 4 |
|---|---|---|---|---|---|---|---|---|
| 4 |   | 5 | 2 | 7 |   | 8 | 9 | 3 |
| 9 | 2 | 7 | 8 | 3 | 4 | 5 |   | 6 |
|   | 8 | 4 | 1 | 2 | 3 | 7 |   | 9 |
| 2 | 6 | 9 | 5 |   |   | 1 | 3 | 8 |
| 3 | 7 | 1 | 6 | 8 | 9 |   | 5 | 2 |
| 6 | 5 | 3 | 4 | 1 | 2 | 9 | 8 |   |
| 7 | 4 |   | 3 | 9 | 5 | 6 |   | 1 |
| 1 |   |   | 7 |   |   | 3 | 4 | 5 |

## Puzzle 84

| 4 | 3 | 6 |   | 1 | 5 | 9 | 2 |   |
|---|---|---|---|---|---|---|---|---|
| 1 | 7 | 9 | 3 | 2 | 4 | 8 | 5 | 6 |
| 5 | 8 | 2 | 6 | 7 | 9 |   | 4 | 1 |
| 2 | 9 | 3 | 1 | 6 | 7 |   | 8 |   |
| 6 | 5 | 8 | 4 | 3 | 2 | 7 | 1 | 9 |
| 7 | 1 | 4 | 5 | 9 | 8 | 2 | 6 | 3 |
| 3 |   | 5 |   | 8 | 1 |   |   |   |
| 9 | 4 | 7 |   | 5 | 6 | 1 |   |   |
| 8 |   | 1 |   | 4 | 3 |   |   |   |

## Puzzle 85

| 4 | 7 | 9 | 8 | 3 | 6 |   | 5 |   |
|---|---|---|---|---|---|---|---|---|
|   | 1 | 5 | 4 | 9 | 7 |   |   | 3 |
| 3 | 6 | 8 | 2 |   | 1 | 4 | 9 | 7 |
| 1 | 2 |   | 7 | 8 | 5 |   | 3 | 4 |
| 9 | 8 |   | 3 | 2 | 4 | 5 | 1 | 6 |
| 5 | 3 | 4 |   |   | 9 | 7 | 2 | 8 |
|   | 5 | 2 |   | 4 | 3 |   |   | 9 |
|   | 4 | 1 | 9 |   | 2 | 3 |   | 5 |
|   | 9 | 3 | 5 |   | 8 |   | 4 | 2 |

## Puzzle 86

|   |   |   | 8 | 3 |   |   | 6 | 9 |
|---|---|---|---|---|---|---|---|---|
|   |   |   | 6 | 9 |   |   | 8 | 1 |
| 8 | 6 | 9 | 7 | 5 | 1 | 4 | 2 | 3 |
|   | 5 | 4 | 3 | 2 | 8 | 1 | 9 | 7 |
|   |   |   | 9 | 6 | 5 | 8 | 4 | 2 |
| 9 | 2 | 8 | 1 | 4 | 7 | 3 | 5 | 6 |
| 1 |   | 6 | 5 |   | 9 | 2 | 3 | 4 |
| 2 | 9 | 5 | 4 | 1 | 3 | 6 | 7 | 8 |
|   |   |   | 2 |   | 6 | 9 | 1 | 5 |

## Puzzle 87

|   |   |   |   |   |   |   |   |   |
|---|---|---|---|---|---|---|---|---|
|   | 4 | 2 |   | 8 | 5 |   |   |   |
| 6 | 8 | 7 | 1 | 9 | 3 |   |   |   |
| 3 | 1 |   | 6 | 2 | 4 | 7 | 8 | 9 |
| 4 | 9 |   |   | 6 | 7 |   |   |   |
| 7 | 6 | 3 | 5 | 1 | 2 | 4 | 9 | 8 |
| 5 | 2 |   |   | 4 | 9 |   | 7 |   |
| 2 | 3 | 4 |   | 5 | 1 | 8 | 6 | 7 |
| 1 | 7 | 6 | 2 | 3 | 8 | 9 | 5 | 4 |
| 8 | 5 | 9 | 4 | 7 | 6 | 3 | 2 | 1 |

## Puzzle 88

|   |   |   |   |   |   |   |   |   |
|---|---|---|---|---|---|---|---|---|
| 2 | 6 | 4 | 7 | 3 | 5 | 1 | 9 | 8 |
| 1 | 9 | 8 | 2 | 6 | 4 | 5 | 7 |   |
| 3 | 5 | 7 |   |   |   | 6 |   |   |
| 4 | 2 | 5 |   |   | 6 | 3 | 1 | 7 |
| 7 | 8 | 1 | 5 | 4 | 3 | 2 | 6 | 9 |
| 6 | 3 | 9 | 1 | 7 | 2 | 4 | 8 | 5 |
| 8 | 4 | 2 | 6 | 5 | 9 | 7 | 3 | 1 |
|   | 1 | 6 | 3 |   | 7 |   |   |   |
|   | 7 | 3 | 4 |   |   |   |   | 6 |

## Puzzle 89

| 2 | 3 |   | 9 |   | 7 | 5 | 6 | 8 |
|---|---|---|---|---|---|---|---|---|
|   |   | 7 |   |   |   |   | 1 | 4 |
|   |   |   |   |   |   |   | 2 | 7 |
| 3 |   | 2 | 4 | 7 |   | 8 | 5 | 9 |
| 4 |   | 9 | 2 | 3 | 8 | 6 | 7 | 1 |
| 7 | 6 | 8 | 5 | 9 |   | 4 | 3 | 2 |
| 9 | 2 | 5 | 1 | 6 | 4 | 7 | 8 | 3 |
| 1 | 7 | 6 | 3 | 8 | 9 | 2 | 4 | 5 |
| 8 | 4 | 3 | 7 |   |   | 1 | 9 | 6 |

## Puzzle 90

| 8 |   |   |   | 4 | 7 | 2 | 5 | 6 |
|---|---|---|---|---|---|---|---|---|
|   | 6 | 2 | 8 |   | 3 | 9 | 1 | 4 |
| 5 |   | 4 | 2 | 9 | 6 | 7 | 8 | 3 |
|   |   | 5 | 4 | 6 | 8 | 1 | 2 | 7 |
| 6 | 4 | 1 | 7 | 2 | 9 | 8 |   | 5 |
| 2 | 8 | 7 |   | 3 | 1 | 6 | 4 | 9 |
| 4 | 7 | 8 | 9 | 1 | 5 | 3 | 6 | 2 |
| 1 |   |   |   | 7 | 2 | 4 | 9 | 8 |
|   | 2 |   |   | 8 | 4 | 5 |   |   |

## Puzzle 91

| 3 |   | 5 | 8 | 9 | 1 | 4 |   |   |
|---|---|---|---|---|---|---|---|---|
| 6 | 2 | 1 | 5 | 4 | 7 |   |   |   |
| 8 | 4 |   | 2 | 6 | 3 | 1 | 7 | 5 |
|   |   | 6 |   | 3 | 8 |   | 2 | 1 |
|   |   | 3 | 9 | 7 | 5 | 6 | 4 |   |
| 5 | 8 | 4 | 6 | 1 | 2 | 7 |   |   |
| 1 | 6 |   | 3 | 8 |   | 9 | 5 | 7 |
| 4 | 3 | 8 |   | 5 | 9 | 2 | 1 | 6 |
| 9 | 5 | 7 | 1 | 2 | 6 |   |   | 4 |

## Puzzle 92

|   | 4 |   |   |   |   | 6 | 5 |   |
|---|---|---|---|---|---|---|---|---|
|   |   | 5 |   |   | 4 | 9 | 8 |   |
| 9 |   | 3 | 6 | 8 | 5 | 1 | 4 | 7 |
| 5 | 3 | 6 |   |   |   | 4 | 7 | 8 |
| 4 | 8 | 1 | 7 | 5 | 6 | 2 | 3 | 9 |
| 2 | 7 | 9 | 8 | 4 | 3 | 5 | 6 | 1 |
| 3 | 1 | 4 | 5 | 9 | 7 | 8 | 2 | 6 |
| 6 | 9 | 2 | 4 | 3 | 8 | 7 | 1 | 5 |
|   | 5 |   | 2 | 6 | 1 | 3 | 9 | 4 |

## Puzzle 93

| 5 | 1 | 7 | 3 | 6 | 9 |   | 2 | 8 |
|---|---|---|---|---|---|---|---|---|
| 2 |   | 3 | 1 |   | 7 |   |   | 6 |
| 8 |   |   |   | 5 | 2 | 3 |   | 7 |
| 9 | 3 | 1 | 8 | 2 | 6 | 5 | 7 | 4 |
|   | 7 | 2 |   | 9 | 3 | 6 | 8 | 1 |
| 6 | 8 | 5 | 7 | 1 | 4 |   | 9 |   |
| 7 |   |   |   | 3 |   | 1 | 4 | 5 |
|   | 5 | 4 | 9 | 7 | 1 | 8 | 6 | 2 |
| 1 | 2 | 8 | 6 |   | 5 | 7 | 3 | 9 |

## Puzzle 94

| 4 | 6 | 9 | 2 |   | 7 | 5 |   | 1 |
|---|---|---|---|---|---|---|---|---|
| 2 | 5 | 8 | 4 | 6 |   | 7 | 9 | 3 |
| 7 | 1 | 3 | 9 | 8 | 5 | 4 |   | 2 |
| 1 |   | 2 | 7 | 9 |   | 8 |   | 5 |
| 6 | 4 | 7 | 5 | 1 | 8 | 3 | 2 | 9 |
|   |   | 5 | 3 |   |   | 6 |   |   |
| 3 | 9 | 1 | 8 |   |   | 2 | 5 |   |
| 5 |   | 4 | 6 | 2 | 9 | 1 | 3 | 8 |
| 8 | 2 | 6 | 1 | 5 | 3 | 9 | 7 | 4 |

## Puzzle 95

| | | 7 | 4 | 8 | 9 | 5 | | |
|---|---|---|---|---|---|---|---|---|
| | | 4 | | 3 | 5 | 6 | 9 | |
| | | 5 | | 6 | 7 | 4 | | |
| 4 | | | 3 | 5 | 1 | 2 | 7 | 6 |
| 3 | 7 | 2 | 8 | 9 | 6 | 1 | 4 | 5 |
| 5 | 1 | 6 | 7 | 4 | 2 | 9 | | |
| 2 | 4 | 3 | 6 | 1 | 8 | 7 | 5 | |
| | | | 5 | 7 | 4 | 3 | 2 | 1 |
| 7 | 5 | 1 | 9 | 2 | 3 | 8 | 6 | 4 |

## Puzzle 96

| 3 | 2 | 4 | | 8 | 9 | 5 | 6 | 7 |
|---|---|---|---|---|---|---|---|---|
| 9 | 6 | 8 | 5 | 7 | 3 | 4 | 1 | 2 |
| 7 | 1 | 5 | | 2 | 4 | 9 | 3 | 8 |
| 2 | 9 | 1 | 4 | 5 | 8 | | 7 | |
| 5 | 8 | 6 | 7 | 3 | 1 | 2 | 4 | 9 |
| 4 | | 7 | 2 | 9 | 6 | 1 | 8 | 5 |
| | 7 | | | | | 8 | 5 | 4 |
| | 5 | | | 4 | 7 | | 2 | |
| | 4 | 2 | | | 5 | 7 | 9 | |

## Puzzle 97

| 2 | 3 | 5 | 9 | 1 | 6 |   |   |   |
|---|---|---|---|---|---|---|---|---|
| 6 | 1 | 7 | 4 | 3 | 8 | 9 | 2 | 5 |
| 8 | 9 | 4 | 2 | 5 | 7 | 6 | 1 | 3 |
| 3 |   |   | 6 |   |   |   |   |   |
| 7 | 6 |   | 1 |   | 4 | 3 | 5 | 2 |
| 4 |   |   | 3 |   |   |   | 6 |   |
| 9 | 4 | 3 | 8 | 2 | 1 | 5 | 7 | 6 |
| 5 | 8 | 2 | 7 | 6 | 9 |   | 3 |   |
| 1 | 7 | 6 | 5 | 4 | 3 | 2 | 9 | 8 |

## Puzzle 98

|   |   | 2 | 5 | 8 | 3 | 7 | 9 |   |
|---|---|---|---|---|---|---|---|---|
| 8 |   |   | 7 | 1 | 2 | 4 | 5 |   |
| 5 |   | 7 | 4 | 6 | 9 | 8 | 2 |   |
| 2 | 5 | 8 | 6 | 3 | 4 |   | 1 | 7 |
|   | 7 | 3 |   | 2 | 1 | 5 |   | 4 |
|   |   |   |   | 5 | 7 | 3 |   | 2 |
|   | 9 | 6 | 1 | 7 | 5 | 2 | 4 | 8 |
| 1 | 2 | 4 | 3 | 9 | 8 |   | 7 | 5 |
| 7 | 8 | 5 | 2 | 4 | 6 | 1 | 3 | 9 |

## Puzzle 99

| 1 | 8 | 7 | 5 | 9 | 2 | 3 | 6 | 4 |
|---|---|---|---|---|---|---|---|---|
| 3 |   | 9 | 6 | 1 | 4 | 2 | 8 |   |
| 6 | 4 | 2 |   | 3 | 7 |   | 5 | 1 |
|   | 3 |   | 2 | 8 | 5 | 6 | 1 | 9 |
| 2 | 6 | 8 | 9 | 7 |   | 4 | 3 | 5 |
| 5 | 9 | 1 | 3 | 4 | 6 | 7 |   | 8 |
| 8 | 1 | 6 | 4 |   | 9 | 5 | 7 | 3 |
|   | 2 | 3 |   |   | 8 | 1 |   | 6 |
| 4 |   |   |   |   |   |   |   | 2 |

## Puzzle 100

| 6 | 3 | 4 | 5 | 1 | 9 | 2 | 8 | 7 |
|---|---|---|---|---|---|---|---|---|
| 2 | 5 | 1 | 7 | 8 | 3 | 9 |   | 4 |
| 7 | 9 | 8 | 2 | 4 | 6 | 1 | 5 | 3 |
| 8 | 2 | 3 |   |   |   | 4 | 9 | 6 |
|   |   |   | 9 | 2 | 4 | 3 | 1 | 8 |
| 1 | 4 | 9 | 6 | 3 |   | 7 | 2 | 5 |
| 4 |   |   | 8 | 9 |   |   | 3 |   |
| 3 | 1 | 5 | 4 | 6 | 2 | 8 | 7 | 9 |
| 9 | 8 |   | 3 |   |   | 6 | 4 |   |

# Solutions

## Puzzle 1

| 6 | 2 | 7 | 9 | 1 | 3 | 5 | 8 | 4 |
|---|---|---|---|---|---|---|---|---|
| 1 | 5 | 8 | 7 | 6 | 4 | 2 | 9 | 3 |
| 9 | 4 | 3 | 2 | 5 | 8 | 1 | 7 | 6 |
| 2 | 9 | 5 | 8 | 3 | 7 | 6 | 4 | 1 |
| 3 | 7 | 4 | 6 | 2 | 1 | 9 | 5 | 8 |
| 8 | 6 | 1 | 4 | 9 | 5 | 3 | 2 | 7 |
| 4 | 1 | 2 | 5 | 8 | 6 | 7 | 3 | 9 |
| 5 | 8 | 6 | 3 | 7 | 9 | 4 | 1 | 2 |
| 7 | 3 | 9 | 1 | 4 | 2 | 8 | 6 | 5 |

## Puzzle 2

| 1 | 6 | 3 | 2 | 8 | 4 | 5 | 9 | 7 |
|---|---|---|---|---|---|---|---|---|
| 4 | 9 | 5 | 1 | 7 | 3 | 8 | 6 | 2 |
| 7 | 2 | 8 | 6 | 9 | 5 | 1 | 4 | 3 |
| 3 | 5 | 7 | 9 | 1 | 8 | 4 | 2 | 6 |
| 8 | 4 | 6 | 5 | 3 | 2 | 7 | 1 | 9 |
| 9 | 1 | 2 | 4 | 6 | 7 | 3 | 5 | 8 |
| 2 | 7 | 1 | 3 | 5 | 9 | 6 | 8 | 4 |
| 5 | 8 | 9 | 7 | 4 | 6 | 2 | 3 | 1 |
| 6 | 3 | 4 | 8 | 2 | 1 | 9 | 7 | 5 |

## Puzzle 3

| 9 | 2 | 8 | 4 | 5 | 1 | 3 | 7 | 6 |
|---|---|---|---|---|---|---|---|---|
| 3 | 4 | 7 | 8 | 6 | 9 | 2 | 1 | 5 |
| 6 | 1 | 5 | 7 | 3 | 2 | 8 | 4 | 9 |
| 4 | 6 | 1 | 2 | 7 | 3 | 9 | 5 | 8 |
| 8 | 9 | 3 | 5 | 4 | 6 | 1 | 2 | 7 |
| 5 | 7 | 2 | 1 | 9 | 8 | 4 | 6 | 3 |
| 7 | 3 | 9 | 6 | 2 | 4 | 5 | 8 | 1 |
| 1 | 5 | 4 | 9 | 8 | 7 | 6 | 3 | 2 |
| 2 | 8 | 6 | 3 | 1 | 5 | 7 | 9 | 4 |

## Puzzle 4

| 8 | 6 | 4 | 3 | 2 | 1 | 9 | 7 | 5 |
|---|---|---|---|---|---|---|---|---|
| 1 | 7 | 9 | 5 | 6 | 8 | 2 | 4 | 3 |
| 3 | 5 | 2 | 9 | 4 | 7 | 8 | 6 | 1 |
| 6 | 4 | 1 | 8 | 9 | 3 | 5 | 2 | 7 |
| 5 | 2 | 3 | 4 | 7 | 6 | 1 | 9 | 8 |
| 7 | 9 | 8 | 1 | 5 | 2 | 6 | 3 | 4 |
| 2 | 8 | 7 | 6 | 1 | 4 | 3 | 5 | 9 |
| 4 | 1 | 5 | 2 | 3 | 9 | 7 | 8 | 6 |
| 9 | 3 | 6 | 7 | 8 | 5 | 4 | 1 | 2 |

## Puzzle 5

| 3 | 6 | 8 | 4 | 7 | 2 | 1 | 9 | 5 |
|---|---|---|---|---|---|---|---|---|
| 5 | 1 | 7 | 8 | 9 | 6 | 3 | 4 | 2 |
| 4 | 2 | 9 | 3 | 5 | 1 | 6 | 8 | 7 |
| 9 | 5 | 1 | 2 | 8 | 3 | 4 | 7 | 6 |
| 7 | 3 | 4 | 6 | 1 | 9 | 2 | 5 | 8 |
| 2 | 8 | 6 | 7 | 4 | 5 | 9 | 1 | 3 |
| 6 | 7 | 5 | 1 | 3 | 4 | 8 | 2 | 9 |
| 1 | 9 | 2 | 5 | 6 | 8 | 7 | 3 | 4 |
| 8 | 4 | 3 | 9 | 2 | 7 | 5 | 6 | 1 |

## Puzzle 6

| 2 | 5 | 3 | 4 | 7 | 9 | 1 | 6 | 8 |
|---|---|---|---|---|---|---|---|---|
| 9 | 6 | 8 | 1 | 2 | 3 | 5 | 7 | 4 |
| 1 | 7 | 4 | 8 | 5 | 6 | 3 | 9 | 2 |
| 4 | 2 | 1 | 3 | 9 | 5 | 6 | 8 | 7 |
| 6 | 3 | 7 | 2 | 4 | 8 | 9 | 5 | 1 |
| 5 | 8 | 9 | 7 | 6 | 1 | 4 | 2 | 3 |
| 3 | 1 | 6 | 5 | 8 | 7 | 2 | 4 | 9 |
| 7 | 9 | 2 | 6 | 1 | 4 | 8 | 3 | 5 |
| 8 | 4 | 5 | 9 | 3 | 2 | 7 | 1 | 6 |

## Puzzle 7

| 6 | 1 | 2 | 7 | 3 | 9 | 4 | 5 | 8 |
|---|---|---|---|---|---|---|---|---|
| 3 | 4 | 7 | 5 | 8 | 1 | 9 | 6 | 2 |
| 8 | 5 | 9 | 2 | 6 | 4 | 1 | 3 | 7 |
| 9 | 2 | 5 | 6 | 4 | 3 | 8 | 7 | 1 |
| 4 | 7 | 6 | 8 | 1 | 2 | 3 | 9 | 5 |
| 1 | 3 | 8 | 9 | 5 | 7 | 6 | 2 | 4 |
| 5 | 6 | 3 | 1 | 7 | 8 | 2 | 4 | 9 |
| 7 | 9 | 1 | 4 | 2 | 6 | 5 | 8 | 3 |
| 2 | 8 | 4 | 3 | 9 | 5 | 7 | 1 | 6 |

## Puzzle 8

| 4 | 7 | 8 | 9 | 2 | 5 | 6 | 1 | 3 |
|---|---|---|---|---|---|---|---|---|
| 2 | 1 | 9 | 3 | 6 | 4 | 7 | 8 | 5 |
| 3 | 5 | 6 | 1 | 8 | 7 | 9 | 2 | 4 |
| 7 | 8 | 2 | 4 | 1 | 9 | 5 | 3 | 6 |
| 5 | 3 | 4 | 8 | 7 | 6 | 2 | 9 | 1 |
| 6 | 9 | 1 | 2 | 5 | 3 | 4 | 7 | 8 |
| 9 | 2 | 3 | 6 | 4 | 1 | 8 | 5 | 7 |
| 1 | 6 | 5 | 7 | 9 | 8 | 3 | 4 | 2 |
| 8 | 4 | 7 | 5 | 3 | 2 | 1 | 6 | 9 |

## Puzzle 9

| 3 | 1 | 8 | 7 | 9 | 2 | 6 | 5 | 4 |
|---|---|---|---|---|---|---|---|---|
| 2 | 7 | 6 | 5 | 3 | 4 | 1 | 9 | 8 |
| 4 | 9 | 5 | 6 | 8 | 1 | 7 | 3 | 2 |
| 5 | 6 | 9 | 3 | 7 | 8 | 2 | 4 | 1 |
| 1 | 3 | 4 | 2 | 5 | 6 | 8 | 7 | 9 |
| 7 | 8 | 2 | 4 | 1 | 9 | 3 | 6 | 5 |
| 9 | 2 | 3 | 1 | 6 | 5 | 4 | 8 | 7 |
| 8 | 4 | 7 | 9 | 2 | 3 | 5 | 1 | 6 |
| 6 | 5 | 1 | 8 | 4 | 7 | 9 | 2 | 3 |

## Puzzle 10

| 4 | 7 | 8 | 6 | 2 | 1 | 9 | 3 | 5 |
|---|---|---|---|---|---|---|---|---|
| 1 | 9 | 2 | 3 | 7 | 5 | 8 | 4 | 6 |
| 5 | 3 | 6 | 8 | 4 | 9 | 1 | 2 | 7 |
| 8 | 5 | 4 | 7 | 3 | 6 | 2 | 9 | 1 |
| 9 | 6 | 1 | 2 | 5 | 4 | 7 | 8 | 3 |
| 3 | 2 | 7 | 9 | 1 | 8 | 6 | 5 | 4 |
| 7 | 8 | 9 | 4 | 6 | 3 | 5 | 1 | 2 |
| 6 | 4 | 5 | 1 | 9 | 2 | 3 | 7 | 8 |
| 2 | 1 | 3 | 5 | 8 | 7 | 4 | 6 | 9 |

## Puzzle 11

| 4 | 9 | 5 | 2 | 6 | 3 | 7 | 1 | 8 |
|---|---|---|---|---|---|---|---|---|
| 3 | 8 | 2 | 1 | 9 | 7 | 6 | 4 | 5 |
| 6 | 1 | 7 | 4 | 5 | 8 | 9 | 2 | 3 |
| 1 | 3 | 4 | 6 | 7 | 5 | 2 | 8 | 9 |
| 7 | 6 | 9 | 8 | 1 | 2 | 5 | 3 | 4 |
| 5 | 2 | 8 | 9 | 3 | 4 | 1 | 7 | 6 |
| 2 | 7 | 6 | 3 | 8 | 9 | 4 | 5 | 1 |
| 8 | 4 | 1 | 5 | 2 | 6 | 3 | 9 | 7 |
| 9 | 5 | 3 | 7 | 4 | 1 | 8 | 6 | 2 |

## Puzzle 12

| 1 | 2 | 9 | 8 | 3 | 5 | 4 | 6 | 7 |
|---|---|---|---|---|---|---|---|---|
| 5 | 7 | 4 | 6 | 2 | 9 | 3 | 8 | 1 |
| 6 | 3 | 8 | 7 | 1 | 4 | 9 | 2 | 5 |
| 9 | 8 | 2 | 1 | 4 | 6 | 7 | 5 | 3 |
| 3 | 1 | 6 | 5 | 7 | 8 | 2 | 9 | 4 |
| 7 | 4 | 5 | 3 | 9 | 2 | 6 | 1 | 8 |
| 8 | 5 | 7 | 9 | 6 | 3 | 1 | 4 | 2 |
| 2 | 6 | 1 | 4 | 8 | 7 | 5 | 3 | 9 |
| 4 | 9 | 3 | 2 | 5 | 1 | 8 | 7 | 6 |

## Puzzle 13

| 4 | 9 | 2 | 3 | 6 | 8 | 7 | 5 | 1 |
|---|---|---|---|---|---|---|---|---|
| 3 | 7 | 8 | 1 | 5 | 2 | 9 | 4 | 6 |
| 6 | 1 | 5 | 4 | 9 | 7 | 3 | 8 | 2 |
| 5 | 3 | 4 | 6 | 2 | 1 | 8 | 7 | 9 |
| 1 | 8 | 6 | 7 | 3 | 9 | 5 | 2 | 4 |
| 9 | 2 | 7 | 8 | 4 | 5 | 6 | 1 | 3 |
| 7 | 4 | 9 | 5 | 1 | 6 | 2 | 3 | 8 |
| 8 | 6 | 1 | 2 | 7 | 3 | 4 | 9 | 5 |
| 2 | 5 | 3 | 9 | 8 | 4 | 1 | 6 | 7 |

## Puzzle 14

| 5 | 6 | 3 | 4 | 2 | 8 | 7 | 9 | 1 |
|---|---|---|---|---|---|---|---|---|
| 1 | 9 | 2 | 5 | 7 | 6 | 8 | 4 | 3 |
| 4 | 8 | 7 | 3 | 1 | 9 | 5 | 6 | 2 |
| 7 | 2 | 6 | 9 | 5 | 4 | 1 | 3 | 8 |
| 3 | 5 | 9 | 1 | 8 | 2 | 4 | 7 | 6 |
| 8 | 1 | 4 | 7 | 6 | 3 | 2 | 5 | 9 |
| 6 | 7 | 5 | 8 | 9 | 1 | 3 | 2 | 4 |
| 2 | 4 | 8 | 6 | 3 | 5 | 9 | 1 | 7 |
| 9 | 3 | 1 | 2 | 4 | 7 | 6 | 8 | 5 |

## Puzzle 15

| 2 | 6 | 9 | 4 | 7 | 3 | 1 | 8 | 5 |
|---|---|---|---|---|---|---|---|---|
| 7 | 4 | 5 | 8 | 1 | 2 | 6 | 9 | 3 |
| 3 | 1 | 8 | 6 | 5 | 9 | 7 | 4 | 2 |
| 4 | 8 | 7 | 3 | 6 | 5 | 2 | 1 | 9 |
| 9 | 3 | 2 | 1 | 8 | 4 | 5 | 6 | 7 |
| 1 | 5 | 6 | 9 | 2 | 7 | 8 | 3 | 4 |
| 6 | 2 | 3 | 5 | 9 | 1 | 4 | 7 | 8 |
| 8 | 7 | 4 | 2 | 3 | 6 | 9 | 5 | 1 |
| 5 | 9 | 1 | 7 | 4 | 8 | 3 | 2 | 6 |

## Puzzle 16

| 5 | 4 | 9 | 1 | 7 | 2 | 6 | 8 | 3 |
|---|---|---|---|---|---|---|---|---|
| 8 | 7 | 1 | 3 | 6 | 9 | 2 | 5 | 4 |
| 2 | 3 | 6 | 5 | 8 | 4 | 1 | 7 | 9 |
| 7 | 2 | 5 | 4 | 3 | 1 | 8 | 9 | 6 |
| 3 | 1 | 8 | 6 | 9 | 5 | 7 | 4 | 2 |
| 6 | 9 | 4 | 8 | 2 | 7 | 5 | 3 | 1 |
| 4 | 6 | 3 | 7 | 1 | 8 | 9 | 2 | 5 |
| 9 | 5 | 7 | 2 | 4 | 6 | 3 | 1 | 8 |
| 1 | 8 | 2 | 9 | 5 | 3 | 4 | 6 | 7 |

## Puzzle 17

| 7 | 6 | 5 | 9 | 8 | 4 | 3 | 2 | 1 |
|---|---|---|---|---|---|---|---|---|
| 4 | 8 | 1 | 2 | 3 | 5 | 9 | 7 | 6 |
| 2 | 3 | 9 | 1 | 7 | 6 | 4 | 5 | 8 |
| 8 | 1 | 7 | 5 | 2 | 3 | 6 | 9 | 4 |
| 3 | 2 | 6 | 7 | 4 | 9 | 1 | 8 | 5 |
| 5 | 9 | 4 | 8 | 6 | 1 | 2 | 3 | 7 |
| 9 | 5 | 3 | 6 | 1 | 8 | 7 | 4 | 2 |
| 6 | 4 | 2 | 3 | 5 | 7 | 8 | 1 | 9 |
| 1 | 7 | 8 | 4 | 9 | 2 | 5 | 6 | 3 |

## Puzzle 18

| 1 | 4 | 8 | 3 | 2 | 6 | 9 | 7 | 5 |
|---|---|---|---|---|---|---|---|---|
| 6 | 9 | 2 | 7 | 4 | 5 | 1 | 3 | 8 |
| 7 | 3 | 5 | 9 | 8 | 1 | 2 | 4 | 6 |
| 9 | 6 | 7 | 5 | 1 | 2 | 4 | 8 | 3 |
| 5 | 8 | 1 | 6 | 3 | 4 | 7 | 2 | 9 |
| 4 | 2 | 3 | 8 | 7 | 9 | 5 | 6 | 1 |
| 8 | 7 | 4 | 1 | 5 | 3 | 6 | 9 | 2 |
| 2 | 1 | 6 | 4 | 9 | 8 | 3 | 5 | 7 |
| 3 | 5 | 9 | 2 | 6 | 7 | 8 | 1 | 4 |

## Puzzle 19

| 1 | 7 | 5 | 9 | 8 | 2 | 3 | 6 | 4 |
|---|---|---|---|---|---|---|---|---|
| 4 | 9 | 3 | 1 | 7 | 6 | 2 | 8 | 5 |
| 8 | 2 | 6 | 5 | 3 | 4 | 7 | 9 | 1 |
| 9 | 1 | 7 | 8 | 2 | 5 | 6 | 4 | 3 |
| 5 | 3 | 8 | 4 | 6 | 1 | 9 | 2 | 7 |
| 2 | 6 | 4 | 7 | 9 | 3 | 5 | 1 | 8 |
| 3 | 4 | 9 | 6 | 5 | 8 | 1 | 7 | 2 |
| 6 | 5 | 1 | 2 | 4 | 7 | 8 | 3 | 9 |
| 7 | 8 | 2 | 3 | 1 | 9 | 4 | 5 | 6 |

## Puzzle 20

| 4 | 6 | 2 | 3 | 1 | 5 | 9 | 8 | 7 |
|---|---|---|---|---|---|---|---|---|
| 8 | 7 | 9 | 6 | 4 | 2 | 3 | 1 | 5 |
| 3 | 5 | 1 | 9 | 7 | 8 | 4 | 2 | 6 |
| 6 | 4 | 3 | 7 | 8 | 1 | 2 | 5 | 9 |
| 1 | 2 | 7 | 4 | 5 | 9 | 6 | 3 | 8 |
| 5 | 9 | 8 | 2 | 6 | 3 | 1 | 7 | 4 |
| 7 | 3 | 4 | 5 | 2 | 6 | 8 | 9 | 1 |
| 2 | 8 | 5 | 1 | 9 | 4 | 7 | 6 | 3 |
| 9 | 1 | 6 | 8 | 3 | 7 | 5 | 4 | 2 |

## Puzzle 21

| 5 | 7 | 6 | 8 | 2 | 1 | 3 | 9 | 4 |
|---|---|---|---|---|---|---|---|---|
| 9 | 2 | 3 | 7 | 4 | 6 | 1 | 8 | 5 |
| 1 | 8 | 4 | 9 | 5 | 3 | 6 | 7 | 2 |
| 2 | 6 | 7 | 4 | 1 | 8 | 9 | 5 | 3 |
| 8 | 5 | 1 | 2 | 3 | 9 | 4 | 6 | 7 |
| 3 | 4 | 9 | 5 | 6 | 7 | 8 | 2 | 1 |
| 4 | 9 | 5 | 1 | 8 | 2 | 7 | 3 | 6 |
| 6 | 1 | 8 | 3 | 7 | 5 | 2 | 4 | 9 |
| 7 | 3 | 2 | 6 | 9 | 4 | 5 | 1 | 8 |

## Puzzle 22

| 6 | 8 | 1 | 4 | 9 | 5 | 7 | 3 | 2 |
|---|---|---|---|---|---|---|---|---|
| 9 | 4 | 5 | 3 | 2 | 7 | 8 | 6 | 1 |
| 2 | 3 | 7 | 1 | 6 | 8 | 4 | 9 | 5 |
| 1 | 6 | 3 | 7 | 5 | 4 | 2 | 8 | 9 |
| 4 | 2 | 8 | 9 | 3 | 1 | 5 | 7 | 6 |
| 5 | 7 | 9 | 2 | 8 | 6 | 1 | 4 | 3 |
| 3 | 1 | 4 | 5 | 7 | 9 | 6 | 2 | 8 |
| 8 | 5 | 2 | 6 | 4 | 3 | 9 | 1 | 7 |
| 7 | 9 | 6 | 8 | 1 | 2 | 3 | 5 | 4 |

## Puzzle 23

| 1 | 4 | 7 | 6 | 9 | 5 | 2 | 8 | 3 |
|---|---|---|---|---|---|---|---|---|
| 6 | 5 | 2 | 3 | 8 | 1 | 4 | 9 | 7 |
| 9 | 8 | 3 | 7 | 2 | 4 | 5 | 1 | 6 |
| 2 | 9 | 6 | 1 | 4 | 3 | 8 | 7 | 5 |
| 5 | 3 | 4 | 8 | 6 | 7 | 1 | 2 | 9 |
| 8 | 7 | 1 | 2 | 5 | 9 | 3 | 6 | 4 |
| 7 | 1 | 8 | 5 | 3 | 6 | 9 | 4 | 2 |
| 3 | 2 | 9 | 4 | 7 | 8 | 6 | 5 | 1 |
| 4 | 6 | 5 | 9 | 1 | 2 | 7 | 3 | 8 |

## Puzzle 24

| 8 | 5 | 7 | 9 | 3 | 1 | 6 | 2 | 4 |
|---|---|---|---|---|---|---|---|---|
| 9 | 4 | 3 | 7 | 6 | 2 | 5 | 1 | 8 |
| 1 | 6 | 2 | 5 | 8 | 4 | 3 | 7 | 9 |
| 6 | 2 | 4 | 1 | 7 | 8 | 9 | 3 | 5 |
| 7 | 8 | 5 | 3 | 9 | 6 | 1 | 4 | 2 |
| 3 | 1 | 9 | 2 | 4 | 5 | 7 | 8 | 6 |
| 2 | 3 | 6 | 8 | 5 | 7 | 4 | 9 | 1 |
| 4 | 9 | 8 | 6 | 1 | 3 | 2 | 5 | 7 |
| 5 | 7 | 1 | 4 | 2 | 9 | 8 | 6 | 3 |

## Puzzle 25

| 7 | 5 | 8 | 2 | 3 | 6 | 4 | 1 | 9 |
|---|---|---|---|---|---|---|---|---|
| 1 | 6 | 2 | 4 | 9 | 7 | 8 | 5 | 3 |
| 3 | 9 | 4 | 5 | 1 | 8 | 2 | 7 | 6 |
| 2 | 8 | 3 | 1 | 4 | 5 | 6 | 9 | 7 |
| 6 | 4 | 1 | 7 | 8 | 9 | 3 | 2 | 5 |
| 9 | 7 | 5 | 3 | 6 | 2 | 1 | 4 | 8 |
| 4 | 1 | 7 | 8 | 5 | 3 | 9 | 6 | 2 |
| 8 | 2 | 6 | 9 | 7 | 1 | 5 | 3 | 4 |
| 5 | 3 | 9 | 6 | 2 | 4 | 7 | 8 | 1 |

## Puzzle 26

| 5 | 6 | 7 | 9 | 8 | 1 | 2 | 3 | 4 |
|---|---|---|---|---|---|---|---|---|
| 1 | 3 | 9 | 2 | 4 | 5 | 7 | 8 | 6 |
| 4 | 8 | 2 | 7 | 3 | 6 | 1 | 5 | 9 |
| 3 | 7 | 5 | 4 | 9 | 2 | 6 | 1 | 8 |
| 9 | 4 | 6 | 3 | 1 | 8 | 5 | 2 | 7 |
| 2 | 1 | 8 | 5 | 6 | 7 | 4 | 9 | 3 |
| 8 | 5 | 3 | 6 | 2 | 4 | 9 | 7 | 1 |
| 7 | 9 | 4 | 1 | 5 | 3 | 8 | 6 | 2 |
| 6 | 2 | 1 | 8 | 7 | 9 | 3 | 4 | 5 |

## Puzzle 27

| 6 | 8 | 7 | 4 | 1 | 5 | 3 | 9 | 2 |
|---|---|---|---|---|---|---|---|---|
| 3 | 2 | 1 | 9 | 8 | 6 | 5 | 7 | 4 |
| 5 | 9 | 4 | 2 | 3 | 7 | 6 | 8 | 1 |
| 4 | 6 | 3 | 7 | 2 | 8 | 1 | 5 | 9 |
| 7 | 5 | 2 | 3 | 9 | 1 | 8 | 4 | 6 |
| 9 | 1 | 8 | 5 | 6 | 4 | 7 | 2 | 3 |
| 1 | 4 | 9 | 8 | 7 | 3 | 2 | 6 | 5 |
| 8 | 3 | 5 | 6 | 4 | 2 | 9 | 1 | 7 |
| 2 | 7 | 6 | 1 | 5 | 9 | 4 | 3 | 8 |

## Puzzle 28

| 1 | 9 | 4 | 8 | 5 | 6 | 2 | 7 | 3 |
|---|---|---|---|---|---|---|---|---|
| 7 | 8 | 5 | 2 | 1 | 3 | 4 | 6 | 9 |
| 6 | 2 | 3 | 7 | 9 | 4 | 8 | 1 | 5 |
| 4 | 5 | 6 | 1 | 3 | 9 | 7 | 8 | 2 |
| 8 | 7 | 9 | 4 | 2 | 5 | 1 | 3 | 6 |
| 2 | 3 | 1 | 6 | 8 | 7 | 9 | 5 | 4 |
| 5 | 1 | 8 | 3 | 4 | 2 | 6 | 9 | 7 |
| 9 | 6 | 2 | 5 | 7 | 8 | 3 | 4 | 1 |
| 3 | 4 | 7 | 9 | 6 | 1 | 5 | 2 | 8 |

## Puzzle 29

| 8 | 9 | 1 | 4 | 3 | 2 | 5 | 7 | 6 |
|---|---|---|---|---|---|---|---|---|
| 4 | 6 | 3 | 5 | 8 | 7 | 9 | 1 | 2 |
| 5 | 2 | 7 | 6 | 9 | 1 | 4 | 3 | 8 |
| 1 | 5 | 2 | 7 | 4 | 6 | 3 | 8 | 9 |
| 6 | 8 | 9 | 2 | 5 | 3 | 7 | 4 | 1 |
| 3 | 7 | 4 | 8 | 1 | 9 | 2 | 6 | 5 |
| 7 | 3 | 6 | 9 | 2 | 8 | 1 | 5 | 4 |
| 9 | 1 | 5 | 3 | 6 | 4 | 8 | 2 | 7 |
| 2 | 4 | 8 | 1 | 7 | 5 | 6 | 9 | 3 |

## Puzzle 30

| 2 | 7 | 3 | 4 | 8 | 5 | 1 | 9 | 6 |
|---|---|---|---|---|---|---|---|---|
| 9 | 8 | 6 | 1 | 3 | 2 | 5 | 7 | 4 |
| 1 | 5 | 4 | 6 | 9 | 7 | 2 | 8 | 3 |
| 3 | 6 | 8 | 7 | 1 | 4 | 9 | 5 | 2 |
| 5 | 4 | 1 | 9 | 2 | 6 | 8 | 3 | 7 |
| 7 | 9 | 2 | 3 | 5 | 8 | 4 | 6 | 1 |
| 6 | 1 | 9 | 8 | 4 | 3 | 7 | 2 | 5 |
| 4 | 2 | 7 | 5 | 6 | 9 | 3 | 1 | 8 |
| 8 | 3 | 5 | 2 | 7 | 1 | 6 | 4 | 9 |

## Puzzle 31

| 5 | 7 | 9 | 2 | 6 | 3 | 1 | 8 | 4 |
|---|---|---|---|---|---|---|---|---|
| 8 | 4 | 2 | 1 | 5 | 9 | 7 | 3 | 6 |
| 1 | 3 | 6 | 7 | 8 | 4 | 9 | 2 | 5 |
| 2 | 9 | 4 | 6 | 7 | 8 | 5 | 1 | 3 |
| 3 | 6 | 5 | 4 | 9 | 1 | 8 | 7 | 2 |
| 7 | 1 | 8 | 3 | 2 | 5 | 6 | 4 | 9 |
| 6 | 5 | 1 | 8 | 4 | 2 | 3 | 9 | 7 |
| 4 | 8 | 7 | 9 | 3 | 6 | 2 | 5 | 1 |
| 9 | 2 | 3 | 5 | 1 | 7 | 4 | 6 | 8 |

## Puzzle 32

| 8 | 2 | 4 | 9 | 3 | 5 | 1 | 7 | 6 |
|---|---|---|---|---|---|---|---|---|
| 9 | 6 | 5 | 4 | 1 | 7 | 2 | 8 | 3 |
| 7 | 1 | 3 | 6 | 2 | 8 | 4 | 5 | 9 |
| 5 | 8 | 1 | 3 | 4 | 6 | 7 | 9 | 2 |
| 6 | 9 | 2 | 8 | 7 | 1 | 3 | 4 | 5 |
| 3 | 4 | 7 | 5 | 9 | 2 | 6 | 1 | 8 |
| 2 | 3 | 9 | 1 | 8 | 4 | 5 | 6 | 7 |
| 4 | 7 | 6 | 2 | 5 | 9 | 8 | 3 | 1 |
| 1 | 5 | 8 | 7 | 6 | 3 | 9 | 2 | 4 |

## Puzzle 33

| 3 | 4 | 8 | 5 | 6 | 7 | 2 | 9 | 1 |
|---|---|---|---|---|---|---|---|---|
| 7 | 5 | 6 | 9 | 1 | 2 | 3 | 4 | 8 |
| 1 | 9 | 2 | 4 | 8 | 3 | 6 | 5 | 7 |
| 6 | 2 | 9 | 1 | 7 | 5 | 8 | 3 | 4 |
| 5 | 8 | 7 | 6 | 3 | 4 | 9 | 1 | 2 |
| 4 | 1 | 3 | 2 | 9 | 8 | 7 | 6 | 5 |
| 2 | 3 | 5 | 8 | 4 | 6 | 1 | 7 | 9 |
| 9 | 7 | 4 | 3 | 2 | 1 | 5 | 8 | 6 |
| 8 | 6 | 1 | 7 | 5 | 9 | 4 | 2 | 3 |

## Puzzle 34

| 6 | 3 | 9 | 5 | 4 | 1 | 2 | 7 | 8 |
|---|---|---|---|---|---|---|---|---|
| 7 | 8 | 4 | 6 | 2 | 9 | 5 | 3 | 1 |
| 1 | 5 | 2 | 7 | 3 | 8 | 4 | 6 | 9 |
| 4 | 1 | 6 | 3 | 8 | 7 | 9 | 5 | 2 |
| 8 | 2 | 3 | 4 | 9 | 5 | 6 | 1 | 7 |
| 5 | 9 | 7 | 1 | 6 | 2 | 3 | 8 | 4 |
| 2 | 6 | 1 | 8 | 5 | 4 | 7 | 9 | 3 |
| 3 | 4 | 8 | 9 | 7 | 6 | 1 | 2 | 5 |
| 9 | 7 | 5 | 2 | 1 | 3 | 8 | 4 | 6 |

## Puzzle 35

| 2 | 9 | 4 | 7 | 5 | 3 | 1 | 6 | 8 |
|---|---|---|---|---|---|---|---|---|
| 3 | 1 | 5 | 6 | 9 | 8 | 2 | 7 | 4 |
| 6 | 7 | 8 | 1 | 4 | 2 | 5 | 9 | 3 |
| 4 | 3 | 9 | 2 | 7 | 6 | 8 | 1 | 5 |
| 1 | 5 | 2 | 3 | 8 | 9 | 6 | 4 | 7 |
| 8 | 6 | 7 | 4 | 1 | 5 | 3 | 2 | 9 |
| 9 | 4 | 3 | 8 | 6 | 1 | 7 | 5 | 2 |
| 7 | 8 | 1 | 5 | 2 | 4 | 9 | 3 | 6 |
| 5 | 2 | 6 | 9 | 3 | 7 | 4 | 8 | 1 |

## Puzzle 36

| 2 | 3 | 4 | 7 | 1 | 9 | 8 | 6 | 5 |
|---|---|---|---|---|---|---|---|---|
| 6 | 7 | 1 | 8 | 5 | 3 | 9 | 2 | 4 |
| 8 | 5 | 9 | 2 | 4 | 6 | 1 | 3 | 7 |
| 1 | 6 | 3 | 5 | 2 | 8 | 4 | 7 | 9 |
| 5 | 9 | 2 | 3 | 7 | 4 | 6 | 1 | 8 |
| 7 | 4 | 8 | 6 | 9 | 1 | 3 | 5 | 2 |
| 9 | 2 | 6 | 4 | 3 | 5 | 7 | 8 | 1 |
| 4 | 8 | 7 | 1 | 6 | 2 | 5 | 9 | 3 |
| 3 | 1 | 5 | 9 | 8 | 7 | 2 | 4 | 6 |

## Puzzle 37

| 2 | 7 | 3 | 5 | 4 | 8 | 9 | 6 | 1 |
|---|---|---|---|---|---|---|---|---|
| 4 | 1 | 9 | 3 | 6 | 2 | 5 | 7 | 8 |
| 6 | 5 | 8 | 9 | 1 | 7 | 4 | 2 | 3 |
| 3 | 6 | 2 | 1 | 7 | 4 | 8 | 5 | 9 |
| 7 | 8 | 1 | 6 | 5 | 9 | 2 | 3 | 4 |
| 5 | 9 | 4 | 8 | 2 | 3 | 7 | 1 | 6 |
| 8 | 2 | 7 | 4 | 3 | 6 | 1 | 9 | 5 |
| 9 | 3 | 5 | 7 | 8 | 1 | 6 | 4 | 2 |
| 1 | 4 | 6 | 2 | 9 | 5 | 3 | 8 | 7 |

## Puzzle 38

| 6 | 8 | 9 | 5 | 7 | 2 | 3 | 1 | 4 |
|---|---|---|---|---|---|---|---|---|
| 5 | 2 | 7 | 1 | 4 | 3 | 9 | 8 | 6 |
| 1 | 3 | 4 | 8 | 6 | 9 | 7 | 2 | 5 |
| 3 | 4 | 2 | 9 | 5 | 6 | 8 | 7 | 1 |
| 9 | 7 | 5 | 2 | 1 | 8 | 6 | 4 | 3 |
| 8 | 6 | 1 | 4 | 3 | 7 | 5 | 9 | 2 |
| 2 | 1 | 8 | 3 | 9 | 5 | 4 | 6 | 7 |
| 4 | 5 | 6 | 7 | 8 | 1 | 2 | 3 | 9 |
| 7 | 9 | 3 | 6 | 2 | 4 | 1 | 5 | 8 |

## Puzzle 39

| 3 | 4 | 2 | 5 | 9 | 8 | 1 | 6 | 7 |
|---|---|---|---|---|---|---|---|---|
| 7 | 8 | 1 | 6 | 4 | 2 | 9 | 5 | 3 |
| 5 | 9 | 6 | 3 | 7 | 1 | 4 | 2 | 8 |
| 6 | 1 | 4 | 2 | 8 | 9 | 7 | 3 | 5 |
| 8 | 5 | 9 | 1 | 3 | 7 | 2 | 4 | 6 |
| 2 | 3 | 7 | 4 | 5 | 6 | 8 | 9 | 1 |
| 1 | 7 | 3 | 9 | 2 | 5 | 6 | 8 | 4 |
| 9 | 6 | 5 | 8 | 1 | 4 | 3 | 7 | 2 |
| 4 | 2 | 8 | 7 | 6 | 3 | 5 | 1 | 9 |

## Puzzle 40

| 2 | 8 | 5 | 7 | 3 | 9 | 4 | 1 | 6 |
|---|---|---|---|---|---|---|---|---|
| 4 | 3 | 7 | 6 | 8 | 1 | 2 | 5 | 9 |
| 9 | 6 | 1 | 5 | 2 | 4 | 7 | 8 | 3 |
| 7 | 9 | 4 | 8 | 1 | 6 | 3 | 2 | 5 |
| 3 | 5 | 6 | 4 | 9 | 2 | 1 | 7 | 8 |
| 1 | 2 | 8 | 3 | 7 | 5 | 9 | 6 | 4 |
| 6 | 7 | 2 | 9 | 4 | 8 | 5 | 3 | 1 |
| 8 | 1 | 9 | 2 | 5 | 3 | 6 | 4 | 7 |
| 5 | 4 | 3 | 1 | 6 | 7 | 8 | 9 | 2 |

## Puzzle 41

| 9 | 3 | 1 | 4 | 8 | 5 | 2 | 6 | 7 |
|---|---|---|---|---|---|---|---|---|
| 2 | 5 | 6 | 1 | 9 | 7 | 3 | 8 | 4 |
| 4 | 7 | 8 | 6 | 2 | 3 | 5 | 1 | 9 |
| 8 | 6 | 4 | 3 | 5 | 9 | 1 | 7 | 2 |
| 1 | 2 | 5 | 7 | 6 | 8 | 9 | 4 | 3 |
| 3 | 9 | 7 | 2 | 4 | 1 | 6 | 5 | 8 |
| 7 | 1 | 9 | 8 | 3 | 6 | 4 | 2 | 5 |
| 6 | 4 | 3 | 5 | 7 | 2 | 8 | 9 | 1 |
| 5 | 8 | 2 | 9 | 1 | 4 | 7 | 3 | 6 |

## Puzzle 42

| 4 | 5 | 6 | 8 | 7 | 9 | 3 | 1 | 2 |
|---|---|---|---|---|---|---|---|---|
| 7 | 2 | 3 | 5 | 1 | 4 | 8 | 6 | 9 |
| 9 | 1 | 8 | 6 | 3 | 2 | 7 | 4 | 5 |
| 1 | 3 | 4 | 2 | 8 | 5 | 6 | 9 | 7 |
| 2 | 9 | 5 | 7 | 4 | 6 | 1 | 8 | 3 |
| 6 | 8 | 7 | 3 | 9 | 1 | 5 | 2 | 4 |
| 5 | 7 | 1 | 9 | 2 | 8 | 4 | 3 | 6 |
| 8 | 6 | 9 | 4 | 5 | 3 | 2 | 7 | 1 |
| 3 | 4 | 2 | 1 | 6 | 7 | 9 | 5 | 8 |

## Puzzle 43

| 8 | 9 | 6 | 5 | 2 | 1 | 3 | 4 | 7 |
|---|---|---|---|---|---|---|---|---|
| 7 | 3 | 5 | 6 | 9 | 4 | 1 | 2 | 8 |
| 4 | 2 | 1 | 8 | 7 | 3 | 9 | 5 | 6 |
| 9 | 4 | 3 | 7 | 6 | 2 | 8 | 1 | 5 |
| 1 | 7 | 8 | 9 | 4 | 5 | 2 | 6 | 3 |
| 6 | 5 | 2 | 1 | 3 | 8 | 7 | 9 | 4 |
| 2 | 6 | 4 | 3 | 1 | 7 | 5 | 8 | 9 |
| 5 | 1 | 7 | 4 | 8 | 9 | 6 | 3 | 2 |
| 3 | 8 | 9 | 2 | 5 | 6 | 4 | 7 | 1 |

## Puzzle 44

| 4 | 9 | 7 | 3 | 6 | 2 | 1 | 8 | 5 |
|---|---|---|---|---|---|---|---|---|
| 8 | 6 | 3 | 5 | 7 | 1 | 9 | 4 | 2 |
| 1 | 2 | 5 | 8 | 9 | 4 | 3 | 6 | 7 |
| 5 | 7 | 8 | 1 | 2 | 6 | 4 | 9 | 3 |
| 9 | 1 | 2 | 4 | 3 | 5 | 8 | 7 | 6 |
| 3 | 4 | 6 | 7 | 8 | 9 | 5 | 2 | 1 |
| 7 | 5 | 4 | 6 | 1 | 8 | 2 | 3 | 9 |
| 6 | 8 | 9 | 2 | 5 | 3 | 7 | 1 | 4 |
| 2 | 3 | 1 | 9 | 4 | 7 | 6 | 5 | 8 |

## Puzzle 45

| 9 | 8 | 5 | 6 | 3 | 2 | 4 | 1 | 7 |
|---|---|---|---|---|---|---|---|---|
| 4 | 1 | 3 | 7 | 5 | 9 | 8 | 2 | 6 |
| 7 | 6 | 2 | 1 | 4 | 8 | 5 | 9 | 3 |
| 3 | 9 | 1 | 8 | 2 | 7 | 6 | 4 | 5 |
| 8 | 5 | 4 | 3 | 1 | 6 | 9 | 7 | 2 |
| 2 | 7 | 6 | 4 | 9 | 5 | 1 | 3 | 8 |
| 1 | 2 | 9 | 5 | 6 | 3 | 7 | 8 | 4 |
| 6 | 4 | 7 | 2 | 8 | 1 | 3 | 5 | 9 |
| 5 | 3 | 8 | 9 | 7 | 4 | 2 | 6 | 1 |

## Puzzle 46

| 8 | 9 | 3 | 6 | 4 | 5 | 7 | 1 | 2 |
|---|---|---|---|---|---|---|---|---|
| 5 | 2 | 1 | 3 | 9 | 7 | 6 | 4 | 8 |
| 7 | 6 | 4 | 8 | 2 | 1 | 3 | 5 | 9 |
| 2 | 3 | 8 | 7 | 5 | 4 | 9 | 6 | 1 |
| 4 | 7 | 9 | 1 | 6 | 3 | 2 | 8 | 5 |
| 6 | 1 | 5 | 9 | 8 | 2 | 4 | 7 | 3 |
| 1 | 4 | 7 | 5 | 3 | 9 | 8 | 2 | 6 |
| 9 | 5 | 6 | 2 | 7 | 8 | 1 | 3 | 4 |
| 3 | 8 | 2 | 4 | 1 | 6 | 5 | 9 | 7 |

## Puzzle 47

| 6 | 3 | 2 | 1 | 5 | 7 | 8 | 4 | 9 |
|---|---|---|---|---|---|---|---|---|
| 7 | 1 | 9 | 2 | 4 | 8 | 3 | 6 | 5 |
| 4 | 8 | 5 | 3 | 6 | 9 | 2 | 1 | 7 |
| 2 | 5 | 6 | 7 | 8 | 4 | 1 | 9 | 3 |
| 1 | 7 | 8 | 9 | 3 | 6 | 4 | 5 | 2 |
| 3 | 9 | 4 | 5 | 1 | 2 | 6 | 7 | 8 |
| 5 | 6 | 3 | 8 | 9 | 1 | 7 | 2 | 4 |
| 8 | 2 | 1 | 4 | 7 | 5 | 9 | 3 | 6 |
| 9 | 4 | 7 | 6 | 2 | 3 | 5 | 8 | 1 |

## Puzzle 48

| 7 | 5 | 9 | 4 | 3 | 2 | 8 | 1 | 6 |
|---|---|---|---|---|---|---|---|---|
| 4 | 3 | 6 | 1 | 8 | 5 | 9 | 7 | 2 |
| 8 | 2 | 1 | 6 | 7 | 9 | 3 | 5 | 4 |
| 3 | 7 | 4 | 2 | 6 | 8 | 5 | 9 | 1 |
| 2 | 9 | 8 | 5 | 1 | 7 | 6 | 4 | 3 |
| 1 | 6 | 5 | 3 | 9 | 4 | 7 | 2 | 8 |
| 5 | 8 | 2 | 7 | 4 | 6 | 1 | 3 | 9 |
| 6 | 1 | 7 | 9 | 2 | 3 | 4 | 8 | 5 |
| 9 | 4 | 3 | 8 | 5 | 1 | 2 | 6 | 7 |

## Puzzle 49

| 4 | 1 | 3 | 9 | 7 | 8 | 2 | 6 | 5 |
|---|---|---|---|---|---|---|---|---|
| 2 | 8 | 6 | 3 | 4 | 5 | 9 | 7 | 1 |
| 7 | 5 | 9 | 6 | 1 | 2 | 4 | 3 | 8 |
| 1 | 3 | 5 | 7 | 9 | 4 | 6 | 8 | 2 |
| 6 | 9 | 2 | 1 | 8 | 3 | 7 | 5 | 4 |
| 8 | 4 | 7 | 2 | 5 | 6 | 1 | 9 | 3 |
| 5 | 6 | 8 | 4 | 2 | 9 | 3 | 1 | 7 |
| 3 | 7 | 4 | 8 | 6 | 1 | 5 | 2 | 9 |
| 9 | 2 | 1 | 5 | 3 | 7 | 8 | 4 | 6 |

## Puzzle 50

| 4 | 2 | 1 | 3 | 6 | 8 | 7 | 5 | 9 |
|---|---|---|---|---|---|---|---|---|
| 7 | 5 | 3 | 1 | 9 | 4 | 8 | 2 | 6 |
| 6 | 8 | 9 | 5 | 2 | 7 | 3 | 4 | 1 |
| 3 | 9 | 4 | 6 | 8 | 5 | 2 | 1 | 7 |
| 8 | 7 | 5 | 2 | 3 | 1 | 9 | 6 | 4 |
| 2 | 1 | 6 | 4 | 7 | 9 | 5 | 3 | 8 |
| 1 | 3 | 7 | 8 | 4 | 2 | 6 | 9 | 5 |
| 9 | 4 | 2 | 7 | 5 | 6 | 1 | 8 | 3 |
| 5 | 6 | 8 | 9 | 1 | 3 | 4 | 7 | 2 |

## Puzzle 51

| 8 | 5 | 9 | 1 | 7 | 3 | 4 | 6 | 2 |
|---|---|---|---|---|---|---|---|---|
| 7 | 6 | 1 | 2 | 4 | 9 | 3 | 8 | 5 |
| 4 | 3 | 2 | 5 | 8 | 6 | 9 | 1 | 7 |
| 9 | 2 | 7 | 6 | 5 | 4 | 1 | 3 | 8 |
| 6 | 8 | 3 | 7 | 1 | 2 | 5 | 4 | 9 |
| 1 | 4 | 5 | 9 | 3 | 8 | 7 | 2 | 6 |
| 2 | 1 | 6 | 3 | 9 | 7 | 8 | 5 | 4 |
| 3 | 7 | 4 | 8 | 6 | 5 | 2 | 9 | 1 |
| 5 | 9 | 8 | 4 | 2 | 1 | 6 | 7 | 3 |

## Puzzle 52

| 3 | 2 | 6 | 1 | 7 | 4 | 9 | 8 | 5 |
|---|---|---|---|---|---|---|---|---|
| 8 | 5 | 1 | 9 | 6 | 3 | 2 | 4 | 7 |
| 7 | 9 | 4 | 5 | 2 | 8 | 1 | 6 | 3 |
| 1 | 8 | 7 | 4 | 5 | 2 | 3 | 9 | 6 |
| 6 | 4 | 9 | 7 | 3 | 1 | 8 | 5 | 2 |
| 5 | 3 | 2 | 6 | 8 | 9 | 7 | 1 | 4 |
| 2 | 6 | 8 | 3 | 1 | 5 | 4 | 7 | 9 |
| 4 | 7 | 3 | 8 | 9 | 6 | 5 | 2 | 1 |
| 9 | 1 | 5 | 2 | 4 | 7 | 6 | 3 | 8 |

## Puzzle 53

| 7 | 2 | 9 | 5 | 4 | 3 | 6 | 1 | 8 |
|---|---|---|---|---|---|---|---|---|
| 8 | 6 | 5 | 9 | 2 | 1 | 4 | 3 | 7 |
| 4 | 3 | 1 | 6 | 8 | 7 | 2 | 5 | 9 |
| 3 | 4 | 7 | 1 | 9 | 6 | 5 | 8 | 2 |
| 9 | 5 | 6 | 2 | 7 | 8 | 1 | 4 | 3 |
| 2 | 1 | 8 | 3 | 5 | 4 | 9 | 7 | 6 |
| 1 | 7 | 2 | 8 | 6 | 5 | 3 | 9 | 4 |
| 5 | 9 | 4 | 7 | 3 | 2 | 8 | 6 | 1 |
| 6 | 8 | 3 | 4 | 1 | 9 | 7 | 2 | 5 |

## Puzzle 54

| 4 | 1 | 2 | 9 | 6 | 8 | 7 | 3 | 5 |
|---|---|---|---|---|---|---|---|---|
| 3 | 7 | 8 | 5 | 4 | 2 | 9 | 6 | 1 |
| 5 | 9 | 6 | 1 | 7 | 3 | 4 | 2 | 8 |
| 9 | 5 | 7 | 8 | 2 | 6 | 3 | 1 | 4 |
| 8 | 2 | 3 | 4 | 9 | 1 | 5 | 7 | 6 |
| 6 | 4 | 1 | 3 | 5 | 7 | 2 | 8 | 9 |
| 1 | 6 | 5 | 7 | 3 | 4 | 8 | 9 | 2 |
| 7 | 8 | 4 | 2 | 1 | 9 | 6 | 5 | 3 |
| 2 | 3 | 9 | 6 | 8 | 5 | 1 | 4 | 7 |

## Puzzle 55

| 4 | 6 | 1 | 9 | 7 | 3 | 5 | 8 | 2 |
|---|---|---|---|---|---|---|---|---|
| 2 | 3 | 8 | 6 | 5 | 4 | 7 | 9 | 1 |
| 5 | 7 | 9 | 8 | 1 | 2 | 6 | 4 | 3 |
| 3 | 8 | 2 | 1 | 9 | 6 | 4 | 5 | 7 |
| 7 | 1 | 6 | 4 | 8 | 5 | 2 | 3 | 9 |
| 9 | 5 | 4 | 2 | 3 | 7 | 8 | 1 | 6 |
| 1 | 2 | 7 | 5 | 4 | 9 | 3 | 6 | 8 |
| 6 | 9 | 5 | 3 | 2 | 8 | 1 | 7 | 4 |
| 8 | 4 | 3 | 7 | 6 | 1 | 9 | 2 | 5 |

## Puzzle 56

| 6 | 9 | 5 | 7 | 8 | 3 | 4 | 1 | 2 |
|---|---|---|---|---|---|---|---|---|
| 7 | 2 | 3 | 4 | 9 | 1 | 5 | 6 | 8 |
| 8 | 1 | 4 | 2 | 6 | 5 | 7 | 9 | 3 |
| 4 | 6 | 8 | 5 | 3 | 7 | 1 | 2 | 9 |
| 1 | 3 | 7 | 9 | 2 | 4 | 8 | 5 | 6 |
| 9 | 5 | 2 | 6 | 1 | 8 | 3 | 7 | 4 |
| 5 | 7 | 9 | 3 | 4 | 6 | 2 | 8 | 1 |
| 3 | 8 | 6 | 1 | 5 | 2 | 9 | 4 | 7 |
| 2 | 4 | 1 | 8 | 7 | 9 | 6 | 3 | 5 |

## Puzzle 57

| 4 | 8 | 9 | 2 | 5 | 7 | 1 | 6 | 3 |
|---|---|---|---|---|---|---|---|---|
| 5 | 6 | 3 | 1 | 8 | 9 | 7 | 4 | 2 |
| 2 | 1 | 7 | 3 | 4 | 6 | 9 | 8 | 5 |
| 6 | 9 | 1 | 7 | 2 | 5 | 4 | 3 | 8 |
| 3 | 4 | 5 | 8 | 6 | 1 | 2 | 7 | 9 |
| 7 | 2 | 8 | 4 | 9 | 3 | 6 | 5 | 1 |
| 1 | 5 | 6 | 9 | 7 | 8 | 3 | 2 | 4 |
| 8 | 3 | 2 | 6 | 1 | 4 | 5 | 9 | 7 |
| 9 | 7 | 4 | 5 | 3 | 2 | 8 | 1 | 6 |

## Puzzle 58

| 6 | 7 | 9 | 4 | 5 | 2 | 3 | 8 | 1 |
|---|---|---|---|---|---|---|---|---|
| 4 | 5 | 1 | 8 | 9 | 3 | 2 | 7 | 6 |
| 2 | 8 | 3 | 6 | 7 | 1 | 5 | 4 | 9 |
| 7 | 9 | 4 | 3 | 1 | 5 | 8 | 6 | 2 |
| 3 | 1 | 8 | 2 | 6 | 7 | 9 | 5 | 4 |
| 5 | 6 | 2 | 9 | 4 | 8 | 7 | 1 | 3 |
| 9 | 3 | 6 | 7 | 8 | 4 | 1 | 2 | 5 |
| 1 | 2 | 7 | 5 | 3 | 6 | 4 | 9 | 8 |
| 8 | 4 | 5 | 1 | 2 | 9 | 6 | 3 | 7 |

## Puzzle 59

| 1 | 5 | 7 | 3 | 6 | 9 | 2 | 4 | 8 |
|---|---|---|---|---|---|---|---|---|
| 2 | 4 | 6 | 5 | 8 | 1 | 3 | 9 | 7 |
| 9 | 3 | 8 | 2 | 4 | 7 | 6 | 1 | 5 |
| 6 | 1 | 4 | 8 | 5 | 3 | 9 | 7 | 2 |
| 5 | 7 | 9 | 4 | 1 | 2 | 8 | 6 | 3 |
| 8 | 2 | 3 | 7 | 9 | 6 | 1 | 5 | 4 |
| 7 | 8 | 1 | 9 | 2 | 4 | 5 | 3 | 6 |
| 3 | 9 | 5 | 6 | 7 | 8 | 4 | 2 | 1 |
| 4 | 6 | 2 | 1 | 3 | 5 | 7 | 8 | 9 |

## Puzzle 60

| 2 | 4 | 5 | 6 | 7 | 9 | 3 | 1 | 8 |
|---|---|---|---|---|---|---|---|---|
| 7 | 8 | 3 | 2 | 1 | 5 | 4 | 9 | 6 |
| 1 | 6 | 9 | 4 | 3 | 8 | 2 | 7 | 5 |
| 5 | 1 | 4 | 8 | 2 | 7 | 9 | 6 | 3 |
| 6 | 3 | 8 | 9 | 5 | 4 | 7 | 2 | 1 |
| 9 | 7 | 2 | 3 | 6 | 1 | 8 | 5 | 4 |
| 8 | 5 | 6 | 7 | 9 | 3 | 1 | 4 | 2 |
| 4 | 9 | 1 | 5 | 8 | 2 | 6 | 3 | 7 |
| 3 | 2 | 7 | 1 | 4 | 6 | 5 | 8 | 9 |

## Puzzle 61

| 4 | 3 | 7 | 6 | 9 | 2 | 8 | 5 | 1 |
|---|---|---|---|---|---|---|---|---|
| 1 | 2 | 9 | 8 | 3 | 5 | 7 | 4 | 6 |
| 5 | 6 | 8 | 7 | 1 | 4 | 9 | 3 | 2 |
| 7 | 1 | 3 | 2 | 8 | 6 | 5 | 9 | 4 |
| 9 | 8 | 2 | 5 | 4 | 1 | 3 | 6 | 7 |
| 6 | 4 | 5 | 3 | 7 | 9 | 2 | 1 | 8 |
| 2 | 9 | 6 | 4 | 5 | 7 | 1 | 8 | 3 |
| 8 | 7 | 1 | 9 | 6 | 3 | 4 | 2 | 5 |
| 3 | 5 | 4 | 1 | 2 | 8 | 6 | 7 | 9 |

## Puzzle 62

| 5 | 9 | 2 | 3 | 7 | 1 | 4 | 8 | 6 |
|---|---|---|---|---|---|---|---|---|
| 6 | 3 | 8 | 5 | 4 | 9 | 7 | 1 | 2 |
| 7 | 1 | 4 | 8 | 6 | 2 | 3 | 5 | 9 |
| 1 | 5 | 9 | 6 | 3 | 4 | 8 | 2 | 7 |
| 2 | 4 | 7 | 1 | 8 | 5 | 9 | 6 | 3 |
| 8 | 6 | 3 | 2 | 9 | 7 | 1 | 4 | 5 |
| 3 | 7 | 5 | 4 | 2 | 8 | 6 | 9 | 1 |
| 4 | 2 | 6 | 9 | 1 | 3 | 5 | 7 | 8 |
| 9 | 8 | 1 | 7 | 5 | 6 | 2 | 3 | 4 |

## Puzzle 63

| 1 | 7 | 8 | 3 | 9 | 4 | 5 | 2 | 6 |
|---|---|---|---|---|---|---|---|---|
| 3 | 5 | 6 | 8 | 1 | 2 | 4 | 7 | 9 |
| 2 | 9 | 4 | 6 | 7 | 5 | 8 | 1 | 3 |
| 9 | 4 | 2 | 7 | 5 | 6 | 3 | 8 | 1 |
| 7 | 6 | 3 | 1 | 4 | 8 | 9 | 5 | 2 |
| 5 | 8 | 1 | 9 | 2 | 3 | 6 | 4 | 7 |
| 6 | 1 | 7 | 4 | 8 | 9 | 2 | 3 | 5 |
| 8 | 2 | 9 | 5 | 3 | 7 | 1 | 6 | 4 |
| 4 | 3 | 5 | 2 | 6 | 1 | 7 | 9 | 8 |

## Puzzle 64

| 3 | 7 | 1 | 8 | 4 | 9 | 6 | 5 | 2 |
|---|---|---|---|---|---|---|---|---|
| 8 | 5 | 9 | 6 | 2 | 1 | 3 | 7 | 4 |
| 2 | 6 | 4 | 7 | 5 | 3 | 9 | 8 | 1 |
| 5 | 2 | 8 | 1 | 9 | 7 | 4 | 6 | 3 |
| 1 | 4 | 6 | 3 | 8 | 5 | 2 | 9 | 7 |
| 9 | 3 | 7 | 4 | 6 | 2 | 8 | 1 | 5 |
| 7 | 8 | 5 | 2 | 3 | 6 | 1 | 4 | 9 |
| 4 | 9 | 3 | 5 | 1 | 8 | 7 | 2 | 6 |
| 6 | 1 | 2 | 9 | 7 | 4 | 5 | 3 | 8 |

## Puzzle 65

| 1 | 9 | 3 | 7 | 5 | 8 | 2 | 4 | 6 |
|---|---|---|---|---|---|---|---|---|
| 4 | 2 | 7 | 6 | 9 | 3 | 1 | 5 | 8 |
| 8 | 5 | 6 | 2 | 4 | 1 | 7 | 9 | 3 |
| 6 | 7 | 1 | 4 | 8 | 5 | 3 | 2 | 9 |
| 9 | 8 | 5 | 1 | 3 | 2 | 6 | 7 | 4 |
| 3 | 4 | 2 | 9 | 6 | 7 | 5 | 8 | 1 |
| 7 | 1 | 4 | 3 | 2 | 9 | 8 | 6 | 5 |
| 5 | 3 | 9 | 8 | 7 | 6 | 4 | 1 | 2 |
| 2 | 6 | 8 | 5 | 1 | 4 | 9 | 3 | 7 |

## Puzzle 66

| 5 | 6 | 7 | 2 | 8 | 4 | 1 | 3 | 9 |
|---|---|---|---|---|---|---|---|---|
| 3 | 8 | 9 | 6 | 1 | 5 | 4 | 7 | 2 |
| 4 | 2 | 1 | 9 | 7 | 3 | 5 | 6 | 8 |
| 8 | 7 | 6 | 4 | 3 | 9 | 2 | 1 | 5 |
| 2 | 9 | 5 | 7 | 6 | 1 | 3 | 8 | 4 |
| 1 | 3 | 4 | 8 | 5 | 2 | 6 | 9 | 7 |
| 9 | 1 | 2 | 3 | 4 | 8 | 7 | 5 | 6 |
| 6 | 4 | 3 | 5 | 9 | 7 | 8 | 2 | 1 |
| 7 | 5 | 8 | 1 | 2 | 6 | 9 | 4 | 3 |

## Puzzle 67

| 7 | 2 | 1 | 9 | 5 | 8 | 4 | 6 | 3 |
|---|---|---|---|---|---|---|---|---|
| 9 | 6 | 5 | 4 | 3 | 2 | 1 | 8 | 7 |
| 8 | 3 | 4 | 6 | 1 | 7 | 2 | 5 | 9 |
| 3 | 5 | 9 | 7 | 8 | 1 | 6 | 4 | 2 |
| 1 | 7 | 6 | 2 | 4 | 9 | 5 | 3 | 8 |
| 2 | 4 | 8 | 3 | 6 | 5 | 7 | 9 | 1 |
| 5 | 9 | 2 | 8 | 7 | 4 | 3 | 1 | 6 |
| 6 | 1 | 7 | 5 | 9 | 3 | 8 | 2 | 4 |
| 4 | 8 | 3 | 1 | 2 | 6 | 9 | 7 | 5 |

## Puzzle 68

| 4 | 5 | 1 | 8 | 6 | 7 | 3 | 9 | 2 |
|---|---|---|---|---|---|---|---|---|
| 8 | 7 | 3 | 1 | 9 | 2 | 5 | 6 | 4 |
| 6 | 2 | 9 | 4 | 5 | 3 | 8 | 1 | 7 |
| 5 | 1 | 6 | 7 | 3 | 8 | 2 | 4 | 9 |
| 9 | 3 | 2 | 6 | 4 | 5 | 7 | 8 | 1 |
| 7 | 8 | 4 | 2 | 1 | 9 | 6 | 5 | 3 |
| 2 | 6 | 5 | 9 | 7 | 4 | 1 | 3 | 8 |
| 1 | 9 | 7 | 3 | 8 | 6 | 4 | 2 | 5 |
| 3 | 4 | 8 | 5 | 2 | 1 | 9 | 7 | 6 |

## Puzzle 69

| 4 | 8 | 3 | 9 | 6 | 2 | 5 | 1 | 7 |
|---|---|---|---|---|---|---|---|---|
| 9 | 2 | 5 | 1 | 7 | 3 | 8 | 4 | 6 |
| 6 | 1 | 7 | 5 | 4 | 8 | 9 | 3 | 2 |
| 7 | 4 | 6 | 3 | 2 | 5 | 1 | 8 | 9 |
| 3 | 5 | 1 | 6 | 8 | 9 | 7 | 2 | 4 |
| 2 | 9 | 8 | 4 | 1 | 7 | 3 | 6 | 5 |
| 5 | 7 | 4 | 8 | 3 | 6 | 2 | 9 | 1 |
| 1 | 3 | 2 | 7 | 9 | 4 | 6 | 5 | 8 |
| 8 | 6 | 9 | 2 | 5 | 1 | 4 | 7 | 3 |

## Puzzle 70

| 3 | 8 | 4 | 6 | 9 | 5 | 1 | 2 | 7 |
|---|---|---|---|---|---|---|---|---|
| 7 | 5 | 2 | 1 | 8 | 4 | 3 | 6 | 9 |
| 6 | 1 | 9 | 2 | 3 | 7 | 5 | 8 | 4 |
| 1 | 3 | 6 | 9 | 2 | 8 | 4 | 7 | 5 |
| 4 | 7 | 8 | 5 | 6 | 3 | 2 | 9 | 1 |
| 9 | 2 | 5 | 7 | 4 | 1 | 8 | 3 | 6 |
| 2 | 4 | 1 | 8 | 7 | 6 | 9 | 5 | 3 |
| 5 | 9 | 7 | 3 | 1 | 2 | 6 | 4 | 8 |
| 8 | 6 | 3 | 4 | 5 | 9 | 7 | 1 | 2 |

## Puzzle 71

| 1 | 6 | 3 | 9 | 2 | 5 | 7 | 8 | 4 |
|---|---|---|---|---|---|---|---|---|
| 7 | 2 | 9 | 6 | 4 | 8 | 1 | 3 | 5 |
| 5 | 8 | 4 | 1 | 7 | 3 | 9 | 2 | 6 |
| 4 | 1 | 2 | 7 | 5 | 9 | 3 | 6 | 8 |
| 8 | 9 | 6 | 4 | 3 | 1 | 5 | 7 | 2 |
| 3 | 5 | 7 | 8 | 6 | 2 | 4 | 1 | 9 |
| 2 | 3 | 1 | 5 | 9 | 6 | 8 | 4 | 7 |
| 9 | 7 | 8 | 2 | 1 | 4 | 6 | 5 | 3 |
| 6 | 4 | 5 | 3 | 8 | 7 | 2 | 9 | 1 |

## Puzzle 72

| 7 | 5 | 1 | 4 | 9 | 2 | 8 | 6 | 3 |
|---|---|---|---|---|---|---|---|---|
| 4 | 2 | 3 | 8 | 1 | 6 | 9 | 7 | 5 |
| 8 | 9 | 6 | 7 | 3 | 5 | 2 | 4 | 1 |
| 5 | 7 | 9 | 3 | 4 | 1 | 6 | 2 | 8 |
| 1 | 3 | 4 | 6 | 2 | 8 | 5 | 9 | 7 |
| 2 | 6 | 8 | 5 | 7 | 9 | 1 | 3 | 4 |
| 9 | 4 | 5 | 1 | 6 | 3 | 7 | 8 | 2 |
| 3 | 1 | 2 | 9 | 8 | 7 | 4 | 5 | 6 |
| 6 | 8 | 7 | 2 | 5 | 4 | 3 | 1 | 9 |

## Puzzle 73

| 8 | 6 | 9 | 2 | 1 | 7 | 3 | 5 | 4 |
|---|---|---|---|---|---|---|---|---|
| 7 | 2 | 5 | 4 | 3 | 8 | 6 | 1 | 9 |
| 4 | 3 | 1 | 6 | 5 | 9 | 7 | 2 | 8 |
| 2 | 8 | 7 | 1 | 6 | 4 | 9 | 3 | 5 |
| 9 | 5 | 6 | 7 | 8 | 3 | 1 | 4 | 2 |
| 3 | 1 | 4 | 5 | 9 | 2 | 8 | 7 | 6 |
| 6 | 7 | 3 | 8 | 2 | 5 | 4 | 9 | 1 |
| 1 | 9 | 2 | 3 | 4 | 6 | 5 | 8 | 7 |
| 5 | 4 | 8 | 9 | 7 | 1 | 2 | 6 | 3 |

## Puzzle 74

| 5 | 6 | 7 | 4 | 8 | 9 | 1 | 2 | 3 |
|---|---|---|---|---|---|---|---|---|
| 8 | 2 | 9 | 3 | 5 | 1 | 4 | 7 | 6 |
| 1 | 4 | 3 | 6 | 2 | 7 | 8 | 9 | 5 |
| 2 | 9 | 1 | 8 | 7 | 6 | 5 | 3 | 4 |
| 7 | 8 | 4 | 9 | 3 | 5 | 2 | 6 | 1 |
| 6 | 3 | 5 | 2 | 1 | 4 | 9 | 8 | 7 |
| 3 | 5 | 2 | 1 | 6 | 8 | 7 | 4 | 9 |
| 4 | 1 | 8 | 7 | 9 | 3 | 6 | 5 | 2 |
| 9 | 7 | 6 | 5 | 4 | 2 | 3 | 1 | 8 |

## Puzzle 75

| 8 | 5 | 9 | 4 | 2 | 6 | 1 | 7 | 3 |
|---|---|---|---|---|---|---|---|---|
| 4 | 2 | 1 | 3 | 7 | 9 | 6 | 5 | 8 |
| 6 | 7 | 3 | 5 | 1 | 8 | 9 | 2 | 4 |
| 1 | 6 | 8 | 2 | 5 | 3 | 7 | 4 | 9 |
| 3 | 9 | 5 | 6 | 4 | 7 | 8 | 1 | 2 |
| 7 | 4 | 2 | 9 | 8 | 1 | 5 | 3 | 6 |
| 2 | 8 | 4 | 7 | 9 | 5 | 3 | 6 | 1 |
| 5 | 1 | 6 | 8 | 3 | 2 | 4 | 9 | 7 |
| 9 | 3 | 7 | 1 | 6 | 4 | 2 | 8 | 5 |

## Puzzle 76

| 4 | 2 | 9 | 6 | 3 | 8 | 1 | 7 | 5 |
|---|---|---|---|---|---|---|---|---|
| 7 | 1 | 6 | 4 | 5 | 2 | 3 | 8 | 9 |
| 8 | 3 | 5 | 1 | 7 | 9 | 2 | 6 | 4 |
| 2 | 4 | 1 | 5 | 8 | 3 | 7 | 9 | 6 |
| 5 | 9 | 8 | 7 | 6 | 1 | 4 | 2 | 3 |
| 3 | 6 | 7 | 9 | 2 | 4 | 8 | 5 | 1 |
| 6 | 5 | 2 | 3 | 4 | 7 | 9 | 1 | 8 |
| 9 | 7 | 4 | 8 | 1 | 5 | 6 | 3 | 2 |
| 1 | 8 | 3 | 2 | 9 | 6 | 5 | 4 | 7 |

## Puzzle 77

| 1 | 2 | 3 | 7 | 4 | 6 | 5 | 9 | 8 |
|---|---|---|---|---|---|---|---|---|
| 9 | 6 | 7 | 1 | 5 | 8 | 3 | 4 | 2 |
| 4 | 5 | 8 | 3 | 2 | 9 | 1 | 7 | 6 |
| 6 | 1 | 9 | 5 | 7 | 2 | 8 | 3 | 4 |
| 7 | 8 | 2 | 6 | 3 | 4 | 9 | 1 | 5 |
| 5 | 3 | 4 | 9 | 8 | 1 | 6 | 2 | 7 |
| 8 | 7 | 1 | 4 | 9 | 5 | 2 | 6 | 3 |
| 3 | 9 | 5 | 2 | 6 | 7 | 4 | 8 | 1 |
| 2 | 4 | 6 | 8 | 1 | 3 | 7 | 5 | 9 |

## Puzzle 78

| 8 | 6 | 1 | 3 | 4 | 5 | 7 | 9 | 2 |
|---|---|---|---|---|---|---|---|---|
| 3 | 2 | 5 | 9 | 1 | 7 | 4 | 8 | 6 |
| 9 | 4 | 7 | 2 | 6 | 8 | 1 | 3 | 5 |
| 1 | 7 | 2 | 8 | 3 | 9 | 5 | 6 | 4 |
| 6 | 8 | 4 | 5 | 7 | 1 | 9 | 2 | 3 |
| 5 | 3 | 9 | 6 | 2 | 4 | 8 | 1 | 7 |
| 4 | 1 | 3 | 7 | 8 | 6 | 2 | 5 | 9 |
| 2 | 9 | 8 | 4 | 5 | 3 | 6 | 7 | 1 |
| 7 | 5 | 6 | 1 | 9 | 2 | 3 | 4 | 8 |

## Puzzle 79

| 1 | 4 | 8 | 2 | 5 | 3 | 7 | 9 | 6 |
|---|---|---|---|---|---|---|---|---|
| 7 | 2 | 3 | 9 | 6 | 8 | 4 | 1 | 5 |
| 6 | 9 | 5 | 7 | 1 | 4 | 8 | 2 | 3 |
| 5 | 7 | 4 | 1 | 2 | 6 | 3 | 8 | 9 |
| 9 | 1 | 2 | 8 | 3 | 7 | 5 | 6 | 4 |
| 8 | 3 | 6 | 4 | 9 | 5 | 2 | 7 | 1 |
| 3 | 8 | 1 | 6 | 4 | 2 | 9 | 5 | 7 |
| 2 | 5 | 9 | 3 | 7 | 1 | 6 | 4 | 8 |
| 4 | 6 | 7 | 5 | 8 | 9 | 1 | 3 | 2 |

## Puzzle 80

| 3 | 8 | 4 | 7 | 2 | 9 | 5 | 1 | 6 |
|---|---|---|---|---|---|---|---|---|
| 5 | 9 | 7 | 4 | 6 | 1 | 2 | 3 | 8 |
| 2 | 6 | 1 | 3 | 5 | 8 | 9 | 4 | 7 |
| 6 | 2 | 5 | 9 | 4 | 3 | 7 | 8 | 1 |
| 4 | 7 | 8 | 2 | 1 | 5 | 6 | 9 | 3 |
| 1 | 3 | 9 | 8 | 7 | 6 | 4 | 5 | 2 |
| 8 | 4 | 6 | 1 | 9 | 2 | 3 | 7 | 5 |
| 7 | 1 | 2 | 5 | 3 | 4 | 8 | 6 | 9 |
| 9 | 5 | 3 | 6 | 8 | 7 | 1 | 2 | 4 |

## Puzzle 81

| 6 | 8 | 2 | 7 | 5 | 1 | 4 | 9 | 3 |
|---|---|---|---|---|---|---|---|---|
| 7 | 1 | 9 | 3 | 6 | 4 | 5 | 8 | 2 |
| 3 | 4 | 5 | 8 | 9 | 2 | 1 | 6 | 7 |
| 5 | 2 | 1 | 9 | 8 | 6 | 7 | 3 | 4 |
| 8 | 7 | 6 | 5 | 4 | 3 | 9 | 2 | 1 |
| 4 | 9 | 3 | 2 | 1 | 7 | 8 | 5 | 6 |
| 9 | 6 | 7 | 4 | 2 | 5 | 3 | 1 | 8 |
| 2 | 5 | 4 | 1 | 3 | 8 | 6 | 7 | 9 |
| 1 | 3 | 8 | 6 | 7 | 9 | 2 | 4 | 5 |

## Puzzle 82

| 3 | 5 | 7 | 4 | 1 | 8 | 6 | 2 | 9 |
|---|---|---|---|---|---|---|---|---|
| 1 | 2 | 9 | 6 | 3 | 7 | 8 | 4 | 5 |
| 8 | 6 | 4 | 2 | 5 | 9 | 3 | 7 | 1 |
| 2 | 4 | 6 | 9 | 7 | 3 | 1 | 5 | 8 |
| 9 | 7 | 8 | 5 | 6 | 1 | 4 | 3 | 2 |
| 5 | 3 | 1 | 8 | 2 | 4 | 9 | 6 | 7 |
| 7 | 9 | 3 | 1 | 4 | 2 | 5 | 8 | 6 |
| 4 | 1 | 5 | 7 | 8 | 6 | 2 | 9 | 3 |
| 6 | 8 | 2 | 3 | 9 | 5 | 7 | 1 | 4 |

## Puzzle 83

| 8 | 3 | 6 | 9 | 5 | 1 | 2 | 7 | 4 |
|---|---|---|---|---|---|---|---|---|
| 4 | 1 | 5 | 2 | 7 | 6 | 8 | 9 | 3 |
| 9 | 2 | 7 | 8 | 3 | 4 | 5 | 1 | 6 |
| 5 | 8 | 4 | 1 | 2 | 3 | 7 | 6 | 9 |
| 2 | 6 | 9 | 5 | 4 | 7 | 1 | 3 | 8 |
| 3 | 7 | 1 | 6 | 8 | 9 | 4 | 5 | 2 |
| 6 | 5 | 3 | 4 | 1 | 2 | 9 | 8 | 7 |
| 7 | 4 | 8 | 3 | 9 | 5 | 6 | 2 | 1 |
| 1 | 9 | 2 | 7 | 6 | 8 | 3 | 4 | 5 |

## Puzzle 84

| 4 | 3 | 6 | 8 | 1 | 5 | 9 | 2 | 7 |
|---|---|---|---|---|---|---|---|---|
| 1 | 7 | 9 | 3 | 2 | 4 | 8 | 5 | 6 |
| 5 | 8 | 2 | 6 | 7 | 9 | 3 | 4 | 1 |
| 2 | 9 | 3 | 1 | 6 | 7 | 4 | 8 | 5 |
| 6 | 5 | 8 | 4 | 3 | 2 | 7 | 1 | 9 |
| 7 | 1 | 4 | 5 | 9 | 8 | 2 | 6 | 3 |
| 3 | 2 | 5 | 7 | 8 | 1 | 6 | 9 | 4 |
| 9 | 4 | 7 | 2 | 5 | 6 | 1 | 3 | 8 |
| 8 | 6 | 1 | 9 | 4 | 3 | 5 | 7 | 2 |

## Puzzle 85

| 4 | 7 | 9 | 8 | 3 | 6 | 2 | 5 | 1 |
|---|---|---|---|---|---|---|---|---|
| 2 | 1 | 5 | 4 | 9 | 7 | 6 | 8 | 3 |
| 3 | 6 | 8 | 2 | 5 | 1 | 4 | 9 | 7 |
| 1 | 2 | 6 | 7 | 8 | 5 | 9 | 3 | 4 |
| 9 | 8 | 7 | 3 | 2 | 4 | 5 | 1 | 6 |
| 5 | 3 | 4 | 6 | 1 | 9 | 7 | 2 | 8 |
| 6 | 5 | 2 | 1 | 4 | 3 | 8 | 7 | 9 |
| 8 | 4 | 1 | 9 | 7 | 2 | 3 | 6 | 5 |
| 7 | 9 | 3 | 5 | 6 | 8 | 1 | 4 | 2 |

## Puzzle 86

| 5 | 4 | 1 | 8 | 3 | 2 | 7 | 6 | 9 |
|---|---|---|---|---|---|---|---|---|
| 3 | 7 | 2 | 6 | 9 | 4 | 5 | 8 | 1 |
| 8 | 6 | 9 | 7 | 5 | 1 | 4 | 2 | 3 |
| 6 | 5 | 4 | 3 | 2 | 8 | 1 | 9 | 7 |
| 7 | 1 | 3 | 9 | 6 | 5 | 8 | 4 | 2 |
| 9 | 2 | 8 | 1 | 4 | 7 | 3 | 5 | 6 |
| 1 | 8 | 6 | 5 | 7 | 9 | 2 | 3 | 4 |
| 2 | 9 | 5 | 4 | 1 | 3 | 6 | 7 | 8 |
| 4 | 3 | 7 | 2 | 8 | 6 | 9 | 1 | 5 |

## Puzzle 87

| 9 | 4 | 2 | 7 | 8 | 5 | 1 | 3 | 6 |
|---|---|---|---|---|---|---|---|---|
| 6 | 8 | 7 | 1 | 9 | 3 | 2 | 4 | 5 |
| 3 | 1 | 5 | 6 | 2 | 4 | 7 | 8 | 9 |
| 4 | 9 | 8 | 3 | 6 | 7 | 5 | 1 | 2 |
| 7 | 6 | 3 | 5 | 1 | 2 | 4 | 9 | 8 |
| 5 | 2 | 1 | 8 | 4 | 9 | 6 | 7 | 3 |
| 2 | 3 | 4 | 9 | 5 | 1 | 8 | 6 | 7 |
| 1 | 7 | 6 | 2 | 3 | 8 | 9 | 5 | 4 |
| 8 | 5 | 9 | 4 | 7 | 6 | 3 | 2 | 1 |

## Puzzle 88

| 2 | 6 | 4 | 7 | 3 | 5 | 1 | 9 | 8 |
|---|---|---|---|---|---|---|---|---|
| 1 | 9 | 8 | 2 | 6 | 4 | 5 | 7 | 3 |
| 3 | 5 | 7 | 8 | 9 | 1 | 6 | 4 | 2 |
| 4 | 2 | 5 | 9 | 8 | 6 | 3 | 1 | 7 |
| 7 | 8 | 1 | 5 | 4 | 3 | 2 | 6 | 9 |
| 6 | 3 | 9 | 1 | 7 | 2 | 4 | 8 | 5 |
| 8 | 4 | 2 | 6 | 5 | 9 | 7 | 3 | 1 |
| 9 | 1 | 6 | 3 | 2 | 7 | 8 | 5 | 4 |
| 5 | 7 | 3 | 4 | 1 | 8 | 9 | 2 | 6 |

## Puzzle 89

| 2 | 3 | 1 | 9 | 4 | 7 | 5 | 6 | 8 |
|---|---|---|---|---|---|---|---|---|
| 5 | 8 | 7 | 6 | 2 | 3 | 9 | 1 | 4 |
| 6 | 9 | 4 | 8 | 1 | 5 | 3 | 2 | 7 |
| 3 | 1 | 2 | 4 | 7 | 6 | 8 | 5 | 9 |
| 4 | 5 | 9 | 2 | 3 | 8 | 6 | 7 | 1 |
| 7 | 6 | 8 | 5 | 9 | 1 | 4 | 3 | 2 |
| 9 | 2 | 5 | 1 | 6 | 4 | 7 | 8 | 3 |
| 1 | 7 | 6 | 3 | 8 | 9 | 2 | 4 | 5 |
| 8 | 4 | 3 | 7 | 5 | 2 | 1 | 9 | 6 |

## Puzzle 90

| 8 | 3 | 9 | 1 | 4 | 7 | 2 | 5 | 6 |
|---|---|---|---|---|---|---|---|---|
| 7 | 6 | 2 | 8 | 5 | 3 | 9 | 1 | 4 |
| 5 | 1 | 4 | 2 | 9 | 6 | 7 | 8 | 3 |
| 3 | 9 | 5 | 4 | 6 | 8 | 1 | 2 | 7 |
| 6 | 4 | 1 | 7 | 2 | 9 | 8 | 3 | 5 |
| 2 | 8 | 7 | 5 | 3 | 1 | 6 | 4 | 9 |
| 4 | 7 | 8 | 9 | 1 | 5 | 3 | 6 | 2 |
| 1 | 5 | 3 | 6 | 7 | 2 | 4 | 9 | 8 |
| 9 | 2 | 6 | 3 | 8 | 4 | 5 | 7 | 1 |

### Puzzle 91

| | | | | | | | | |
|---|---|---|---|---|---|---|---|---|
| 3 | 7 | 5 | 8 | 9 | 1 | 4 | 6 | 2 |
| 6 | 2 | 1 | 5 | 4 | 7 | 3 | 8 | 9 |
| 8 | 4 | 9 | 2 | 6 | 3 | 1 | 7 | 5 |
| 7 | 9 | 6 | 4 | 3 | 8 | 5 | 2 | 1 |
| 2 | 1 | 3 | 9 | 7 | 5 | 6 | 4 | 8 |
| 5 | 8 | 4 | 6 | 1 | 2 | 7 | 9 | 3 |
| 1 | 6 | 2 | 3 | 8 | 4 | 9 | 5 | 7 |
| 4 | 3 | 8 | 7 | 5 | 9 | 2 | 1 | 6 |
| 9 | 5 | 7 | 1 | 2 | 6 | 8 | 3 | 4 |

### Puzzle 92

| | | | | | | | | |
|---|---|---|---|---|---|---|---|---|
| 8 | 4 | 7 | 1 | 2 | 9 | 6 | 5 | 3 |
| 1 | 6 | 5 | 3 | 7 | 4 | 9 | 8 | 2 |
| 9 | 2 | 3 | 6 | 8 | 5 | 1 | 4 | 7 |
| 5 | 3 | 6 | 9 | 1 | 2 | 4 | 7 | 8 |
| 4 | 8 | 1 | 7 | 5 | 6 | 2 | 3 | 9 |
| 2 | 7 | 9 | 8 | 4 | 3 | 5 | 6 | 1 |
| 3 | 1 | 4 | 5 | 9 | 7 | 8 | 2 | 6 |
| 6 | 9 | 2 | 4 | 3 | 8 | 7 | 1 | 5 |
| 7 | 5 | 8 | 2 | 6 | 1 | 3 | 9 | 4 |

### Puzzle 93

| | | | | | | | | |
|---|---|---|---|---|---|---|---|---|
| 5 | 1 | 7 | 3 | 6 | 9 | 4 | 2 | 8 |
| 2 | 4 | 3 | 1 | 8 | 7 | 9 | 5 | 6 |
| 8 | 6 | 9 | 4 | 5 | 2 | 3 | 1 | 7 |
| 9 | 3 | 1 | 8 | 2 | 6 | 5 | 7 | 4 |
| 4 | 7 | 2 | 5 | 9 | 3 | 6 | 8 | 1 |
| 6 | 8 | 5 | 7 | 1 | 4 | 2 | 9 | 3 |
| 7 | 9 | 6 | 2 | 3 | 8 | 1 | 4 | 5 |
| 3 | 5 | 4 | 9 | 7 | 1 | 8 | 6 | 2 |
| 1 | 2 | 8 | 6 | 4 | 5 | 7 | 3 | 9 |

### Puzzle 94

| | | | | | | | | |
|---|---|---|---|---|---|---|---|---|
| 4 | 6 | 9 | 2 | 3 | 7 | 5 | 8 | 1 |
| 2 | 5 | 8 | 4 | 6 | 1 | 7 | 9 | 3 |
| 7 | 1 | 3 | 9 | 8 | 5 | 4 | 6 | 2 |
| 1 | 3 | 2 | 7 | 9 | 6 | 8 | 4 | 5 |
| 6 | 4 | 7 | 5 | 1 | 8 | 3 | 2 | 9 |
| 9 | 8 | 5 | 3 | 4 | 2 | 6 | 1 | 7 |
| 3 | 9 | 1 | 8 | 7 | 4 | 2 | 5 | 6 |
| 5 | 7 | 4 | 6 | 2 | 9 | 1 | 3 | 8 |
| 8 | 2 | 6 | 1 | 5 | 3 | 9 | 7 | 4 |

### Puzzle 95

| | | | | | | | | |
|---|---|---|---|---|---|---|---|---|
| 1 | 6 | 7 | 4 | 8 | 9 | 5 | 3 | 2 |
| 8 | 2 | 4 | 1 | 3 | 5 | 6 | 9 | 7 |
| 9 | 3 | 5 | 2 | 6 | 7 | 4 | 1 | 8 |
| 4 | 8 | 9 | 3 | 5 | 1 | 2 | 7 | 6 |
| 3 | 7 | 2 | 8 | 9 | 6 | 1 | 4 | 5 |
| 5 | 1 | 6 | 7 | 4 | 2 | 9 | 8 | 3 |
| 2 | 4 | 3 | 6 | 1 | 8 | 7 | 5 | 9 |
| 6 | 9 | 8 | 5 | 7 | 4 | 3 | 2 | 1 |
| 7 | 5 | 1 | 9 | 2 | 3 | 8 | 6 | 4 |

### Puzzle 96

| | | | | | | | | |
|---|---|---|---|---|---|---|---|---|
| 3 | 2 | 4 | 1 | 8 | 9 | 5 | 6 | 7 |
| 9 | 6 | 8 | 5 | 7 | 3 | 4 | 1 | 2 |
| 7 | 1 | 5 | 6 | 2 | 4 | 9 | 3 | 8 |
| 2 | 9 | 1 | 4 | 5 | 8 | 3 | 7 | 6 |
| 5 | 8 | 6 | 7 | 3 | 1 | 2 | 4 | 9 |
| 4 | 3 | 7 | 2 | 9 | 6 | 1 | 8 | 5 |
| 1 | 7 | 3 | 9 | 6 | 2 | 8 | 5 | 4 |
| 8 | 5 | 9 | 3 | 4 | 7 | 6 | 2 | 1 |
| 6 | 4 | 2 | 8 | 1 | 5 | 7 | 9 | 3 |

## Puzzle 97

| 2 | 3 | 5 | 9 | 1 | 6 | 8 | 4 | 7 |
|---|---|---|---|---|---|---|---|---|
| 6 | 1 | 7 | 4 | 3 | 8 | 9 | 2 | 5 |
| 8 | 9 | 4 | 2 | 5 | 7 | 6 | 1 | 3 |
| 3 | 2 | 1 | 6 | 7 | 5 | 4 | 8 | 9 |
| 7 | 6 | 8 | 1 | 9 | 4 | 3 | 5 | 2 |
| 4 | 5 | 9 | 3 | 8 | 2 | 7 | 6 | 1 |
| 9 | 4 | 3 | 8 | 2 | 1 | 5 | 7 | 6 |
| 5 | 8 | 2 | 7 | 6 | 9 | 1 | 3 | 4 |
| 1 | 7 | 6 | 5 | 4 | 3 | 2 | 9 | 8 |

## Puzzle 98

| 4 | 1 | 2 | 5 | 8 | 3 | 7 | 9 | 6 |
|---|---|---|---|---|---|---|---|---|
| 8 | 6 | 9 | 7 | 1 | 2 | 4 | 5 | 3 |
| 5 | 3 | 7 | 4 | 6 | 9 | 8 | 2 | 1 |
| 2 | 5 | 8 | 6 | 3 | 4 | 9 | 1 | 7 |
| 6 | 7 | 3 | 9 | 2 | 1 | 5 | 8 | 4 |
| 9 | 4 | 1 | 8 | 5 | 7 | 3 | 6 | 2 |
| 3 | 9 | 6 | 1 | 7 | 5 | 2 | 4 | 8 |
| 1 | 2 | 4 | 3 | 9 | 8 | 6 | 7 | 5 |
| 7 | 8 | 5 | 2 | 4 | 6 | 1 | 3 | 9 |

## Puzzle 99

| 1 | 8 | 7 | 5 | 9 | 2 | 3 | 6 | 4 |
|---|---|---|---|---|---|---|---|---|
| 3 | 5 | 9 | 6 | 1 | 4 | 2 | 8 | 7 |
| 6 | 4 | 2 | 8 | 3 | 7 | 9 | 5 | 1 |
| 7 | 3 | 4 | 2 | 8 | 5 | 6 | 1 | 9 |
| 2 | 6 | 8 | 9 | 7 | 1 | 4 | 3 | 5 |
| 5 | 9 | 1 | 3 | 4 | 6 | 7 | 2 | 8 |
| 8 | 1 | 6 | 4 | 2 | 9 | 5 | 7 | 3 |
| 9 | 2 | 3 | 7 | 5 | 8 | 1 | 4 | 6 |
| 4 | 7 | 5 | 1 | 6 | 3 | 8 | 9 | 2 |

## Puzzle 100

| 6 | 3 | 4 | 5 | 1 | 9 | 2 | 8 | 7 |
|---|---|---|---|---|---|---|---|---|
| 2 | 5 | 1 | 7 | 8 | 3 | 9 | 6 | 4 |
| 7 | 9 | 8 | 2 | 4 | 6 | 1 | 5 | 3 |
| 8 | 2 | 3 | 1 | 5 | 7 | 4 | 9 | 6 |
| 5 | 6 | 7 | 9 | 2 | 4 | 3 | 1 | 8 |
| 1 | 4 | 9 | 6 | 3 | 8 | 7 | 2 | 5 |
| 4 | 7 | 6 | 8 | 9 | 1 | 5 | 3 | 2 |
| 3 | 1 | 5 | 4 | 6 | 2 | 8 | 7 | 9 |
| 9 | 8 | 2 | 3 | 7 | 5 | 6 | 4 | 1 |